U0157747

建筑给水排水设计
疑难问题及案例解析

主　编：吴燕国　王　励　陈伟鹏
副主编：刘智忠　夏俊涛　金　钊　黎　洁

中国建筑工业出版社

图书在版编目（CIP）数据

建筑给水排水设计疑难问题及案例解析 / 吴燕国，
王励，陈伟鹏主编；刘智忠等副主编. — 北京：中国
建筑工业出版社，2023.12
ISBN 978-7-112-29361-2

Ⅰ. ①建… Ⅱ. ①吴… ②王… ③陈… ④刘… Ⅲ.
①建筑工程—给水工程—工程设计 ②建筑工程—排水工程
—工程设计 Ⅳ. ①TU82

中国国家版本馆 CIP 数据核字（2023）第 225839 号

责任编辑：张 瑞 刘颖超
责任校对：张 颖
校对整理：赵 菲

建筑给水排水设计疑难问题及案例解析

主 编：吴燕国 王 励 陈伟鹏
副主编：刘智忠 夏俊涛 金 钊 黎 洁
*
中国建筑工业出版社出版、发行（北京海淀三里河路 9 号）
各地新华书店、建筑书店经销
国排高科（北京）信息技术有限公司制版
建工社（河北）印刷有限公司印刷
*
开本：787 毫米×1092 毫米 1/16 印张：13¾ 字数：296 千字
2023 年 12 月第一版 2023 年 12 月第一次印刷
定价：63.00 元
ISBN 978-7-112-29361-2
（42014）

编 委 会

主 编

吴燕国　王　励　陈伟鹏

副主编

刘智忠　夏俊涛　金　钊　黎　洁

参 编

孙洪伟　王国明　李　淼　刘美丽

张榆敏　李　军　孙国熠　沈　雯

成柯铭　刘小蕊　纪晓丹

前 言 |

改革开放 40 多年来，我国经济取得了举世瞩目的成就。伴随着经济的发展，大规模的城镇化也在波澜壮阔地展开，城镇化率从 1990 年的 26.44% 上升到 2022 年的 65.22%。过去 20 年，是我国建筑业发展的黄金时期，全国建筑业总产值从 2002 年的 1.85 万亿元上升到 2022 年的 31.20 万亿元，建筑业从业人员从 2002 年的 2245.2 万人上升到 2022 年的 5184.02 万人（峰值为 2018 年的 5563.30 万人）。据"2023 年中国摩天高楼排行榜"（更新截至 2023 年 4 月 7 日）统计数据，我国建筑高度超过 200m 的摩天大楼已达到 1472 座，其中超过 400m 的超高层建筑就有 24 座。此外，近 10 年来全国各地的机场航站楼、高铁站、体育场馆、商业购物中心、文化艺术中心、邮轮母港等大型建筑也如雨后春笋般呈现，带动当地经济、文化、社会的飞速发展，满足人民群众对美好生活的需要。

我国建筑业的蓬勃发展带动了相关专业、上下游行业技术突飞猛进的发展和大量的科研创新，培养了大批的专业技术人才，并通过大量的境外工程实现了技术输出。一方面，在建筑方案创作、建筑结构设计创新、工程施工工法创新、智能化设计、绿色节能设计、建筑信息数字化等方面许多国内前沿公司已达到世界领先水平。但同时我们也应当清醒地认识到，近 20 年来行业的迅猛发展带来了从业人员的大规模增长，大量中小型设计企业涌现，许多高校也跟随就业形势增开建筑行业相关专业，人员从业门槛不断降低，导致行业内的设计人员水平良莠不齐、差距较大，也造成不同公司之间的无序竞争，个别建筑产品的品质难以得到保障。另一方面，建筑与人们的生活息息相关，据统计，人的一生约有 80% 的时间是在室内度过的。建筑不仅关乎着人们的生命安全，也承载着人们对生活工作场所的舒适性、美观性、健康性、节能性等多方面的需求。因此，严格把控从业人员技术门槛、提升从业人员技术水平、提升建筑行业全链条质量就变得尤为重要。

我国建筑给水排水工程起步较早，但发展较慢，先后共经历了三个不同阶段：房屋卫生技术设备阶段、室内给水排水阶段以及建筑给水排水阶段。初创阶段，即房屋卫生技术设备阶段，指的是 1949～1964 年，我国实行了《室内给水排水和热水供应设计规范》BJG 15-64，正式标志着我国出现了独立的给水排水专业，并着力于室内给水排水的设计与研究，但此时的室内给水排水还仅停留在如何让人们集中使用净水和集中进行排水的阶段。反思阶段，即室内给水排水阶段，指的是 1964～1986 年，我国将国外先进技术与实际国情相结合，并将 20 世纪 50 年代发现的问题进行全面的反思和总结，明确了一套与我国城镇发展水平相适应的建筑给水排水技术体系，并在 1988 年审批通过了《建筑给水排水设计规范》GBJ 15-88。发展阶段，即建筑给水排水阶段，指的是 1988 年至今，在此期间，于 2009 年修订并实施《建筑给水排水设计规范》GB 50015—2003（2009 年版）、2019 年修订并实施《建筑给水排水设计标准》GB 50015—2019，我国建筑给水排水专业进入一个快速发展的时期。随着建筑高度的不断提升、建筑规模的不断增加、建筑功能复杂程度的不断演变，也相应带来了建筑消防供水系统技术的不断升级和变革，从早期的建筑室外消火栓系统、室内消火栓系统、自动喷水灭火系统，到水喷雾灭火系统、泡沫灭火系统、固定消防炮灭火系统、大空间智能型主动喷水灭火系统、雨淋系统、水幕系统、细水雾灭火系统等，各种新型消防供水系统不断应用到工程实践中。发展至今，建筑给水排水专业又融入了海绵城市、绿色建筑、节能减排、智慧水务、优饮水供应等新的理念，成为建筑业融入国家"双碳"目标不可或缺的重要一环。

本书由广东省建筑设计研究院有限公司深圳分公司给水排水专业总工吴燕国、悉地国际设计顾问（深圳）有限公司给水排水专业总工王励、深圳市天华建筑设计有限公司给水排水专业总工陈伟鹏任主编，由香港华艺设计顾问（深圳）有限公司给水排水专业副总工刘智忠、华阳国际设计集团给水排水专业副总工夏俊涛、广东省建筑设计研究院有限公司给水排水专业副总工金钊、黎洁任副主编，并邀请了一批项目经验丰富的一线设计骨干参编。各主要编写人员从业时间均超过 15 年，且一直在一线从事建筑给水排水设计工作。编者在长期的工程实践中积累了丰富的理论知识和工程经验，全过程参与了各类型的建筑工程项目。此外，各设计单位在工程设计领域各有所长，编委们各自主笔的项目均为最擅长领域，所选项目也集合了各大设计单位的典型代表建筑，因此本书代表了一定的专业学术水平，对相关行业的从业者有一定的指导和借鉴意义。本书所选项目案例大部分已竣工投入使用，实际运行效果良好，且多个项目获得国家级及省、市级大奖。同时，书中项目实施过程中的常见问题及解决方法也可以为后续类似项目的开展提供一定的参考，期待能为建筑给水排水行业的发展贡献一份绵薄之力。

由于编者水平和经验有限，书中疏漏和不足之处在所难免，敬请同行和专家批评指正。

编　者
2023 年 2 月

目 录 |

第 1 章

综 述

1.1 常见民用建筑类型

民用建筑是供人们居住和进行各种公共活动的建筑的总称。由居住建筑和公共建筑组成。其中，居住建筑是供人们居住的建筑，可以分为住宅建筑和宿舍建筑。公共建筑是供人们进行各种公共活动的建筑，包含办公建筑（包括写字楼、政府部门办公室等）、商业建筑（如商场、金融建筑等）、旅游建筑（如酒店、娱乐场所等）、科教文卫建筑（包括文化、教育、科研、医疗、卫生、体育建筑等）、通信建筑（如邮电、通信、数据中心、广播用房）、交通运输类建筑（如机场、高铁站、火车站、地铁、汽车站、冷藏库等）以及其他（派出所、仓库、拘留所）等。

民用建筑按地上建筑高度进行分类应符合下列规定：

1）建筑高度不大于 27.0m 的住宅建筑、建筑高度不大于 24.0m 的公共建筑及建筑高度大于 24.0m 的单层公共建筑为低层或多层民用建筑；

2）建筑高度大于 27.0m 的住宅建筑和建筑高度大于 24.0m 的非单层公共建筑，且高度不大于 100.0m，为高层民用建筑；

3）建筑高度大于 100.0m 为超高层建筑。

一般建筑按层数划分时，公共建筑和宿舍建筑 1～3 层为低层建筑，4～6 层为多层建筑，大于等于 7 层为高层建筑；住宅建筑 1～3 层为低层建筑，4～9 层为多层建筑，10 层及以上为高层建筑。

1.1.1 住宅建筑

住宅建筑是供人们居住使用的建筑（含与其他功能空间处于同一建筑中的住宅部分），简称住宅。每套住宅应设卧室、起居室（厅）、厨房和卫生间等基本空间。住宅按建筑高度可进行以下分类：建筑高度不大于 27m 的住宅建筑为多层住宅；建筑高度大于 27m，但不大于 54m 的住宅建筑为二类高层住宅；建筑高度大于 54m，但不大于 100m 的住宅建筑为一类高层住宅；建筑高度大于 100m 的住宅为超高层住宅。

住宅应设置室内给水排水系统，住宅各类生活供水系统水质应符合国家现行有关标准的规定；入户管的供水压力不应大于 0.35MPa；套内用水点供水压力不宜大于 0.20MPa，且不应小于用水器具要求的最低压力；住宅应设置热水供应设施或预留安装热水供应设施的条件；卫生器具和配件应采用节水型产品。管道、阀门和配件应采用不易锈蚀的材质；厨房和卫生间的排水立管应分别设置；排水管道不得穿越卧室。

住宅计量装置的设置应符合下列规定：各类生活供水系统应设置分户水表；设有集中供暖（集中空调）系统时，应设置分户热计量装置；设有燃气系统时，应设置分户燃气表；设有供电系统时，应设置分户电能表。

下列设施不应设置在住宅套内，应设置在共用空间内：

1）公共功能的管道，包括给水总立管、消防立管、雨水立管、供暖（空调）供回水总立管、配电和弱电干线（管）等，设置在开敞式阳台的雨水立管除外；

2）公共的管道阀门、电气设备和用于总体调节和检修的部件，户内排水立管检修口除外；

3）供暖管沟和电缆沟的检查孔。

1.1.2 商店建筑

商店建筑是为商品直接进行买卖和提供服务供给的公共建筑，需区别于商业服务网点。商业服务网点指的是住宅底部设置的百货店、副食店、粮店、邮政所、储蓄所、理发店等小型商业服务用房，该用房层数不超过 2 层、建筑面积不超过 300m²。设置了商业服务网点的住宅，仍属于住宅建筑。

商店建筑的规模应按单项建筑内的商店总建筑面积进行划分，并应符合表 1-1 的规定。

商店建筑的规模划分 表 1-1

规模	小型	中型	大型
总建筑面积	<5000m²	5000～20000m²	>20000m²

商店建筑可按使用功能，分为营业区、仓储区和辅助区三部分。各分区建筑面积应根据零售业态、商品种类和销售形式等进行分配，并应能根据需要进行调整，在商品展示的同时，为顾客提供安全和良好的购物环境，为销售人员提供高效、便捷的工作条件。

商店建筑应设置给水排水系统，生活给水系统宜利用城镇给水管网的水压直接供水；空调冷却用水应采用循环冷却水系统；卫生器具和配件应采用节水型产品，公共卫生间宜采用延时自闭式或感应式水嘴或冲洗阀；给水排水管道不宜穿过橱窗、壁柜等设施；营业厅内的给水排水管道宜隐蔽敷设；对于可能结露的给水排水管道，应采取防结露措施。

1.1.3 办公建筑

办公建筑是供机关、团体和企事业单位办理行政事务和从事各类业务活动的建筑物。

办公建筑应依据其使用要求进行分类，并应符合表 1-2 的规定。

办公建筑分类 表 1-2

类别	示例	设计工作年限
A 类	特别重要办公建筑	100 年或 50 年
B 类	重要办公建筑	50 年
C 类	普通办公建筑	50 年或 25 年

其中，特别重要办公建筑包括中央行政机关办公建筑，省部级行政机关办公建筑，重要的金融、电力调度、广播电视、通信枢纽等办公建筑，建筑高度超过 250m 的超高层办公建筑以及符合《国际写字楼分级指南》A 级标准的写字楼等；重要办公建筑包括地市级、县级行政机关办公建筑，高度超过 100m 且低于 250m 的高层办公建筑以及符合《国际写字楼分级指南》B 级标准的写字楼等；普通办公建筑包括县级以下行政机关办公建筑，高度低于 100m 的办公建筑以及符合《国际写字楼分级指南》C 级标准的写字楼等。

办公建筑应根据使用性质、建设规模与标准的不同，合理配置各类用房。办公建筑由办公用房、公共用房、服务用房和设备用房等组成。

1）办公用房宜有良好的天然采光和自然通风，且不宜布置在地下室。办公用房宜有避免西晒和眩光的措施。

2）公共用房宜包括会议室、对外办事厅、接待室、陈列室、公用厕所、开水间、健身场所等。

3）服务用房宜包括一般性服务用房和技术性服务用房。一般性服务用房为档案室、资料室、图书阅览室、员工更衣室、汽车库、非机动车库、员工餐厅、厨房、卫生管理设施间、快递储物间等。技术性服务用房为消防控制室、电信运营商机房、电子信息机房、打印机房、晒图室等。

4）设备用房包含各类机电设备间、电梯机房等。产生噪声或振动的设备机房应采取消声、隔声和减振等措施，并不宜毗邻办公用房和会议室，也不宜布置在办公用房和会议室对应的直接上层。位于高层、超高层办公建筑楼层上的机电设备用房，其楼面荷载应满足设备安装、使用的要求。

办公建筑的设备和管道布置应符合下列规定：给水排水管道不应穿越重要的资料室、档案室和重要的办公用房；排水管道不应敷设在会议室、接待室以及其他有安静要求的办公用房的顶板下方，当不能避免时应采用低噪声管材并采取防渗漏和隔声措施；局部热水系统的水加热器安装位置应便于检查维修；卫生器具水嘴应具有出流防溅功能，公用卫生间洗手盆应采用感应式或延时自闭式水嘴。

1.1.4 旅馆建筑

旅馆通常由客房部分、公共部分、辅助部分组成，是为客人提供住宿及餐饮、会议、健身和娱乐等全部或部分服务的公共建筑,也称为酒店、饭店、宾馆、度假村。旅馆建筑类型按经营特点分为商务旅馆、度假旅馆、会议旅馆、公寓式旅馆等。旅馆建筑等级按由低到高的顺序可划分为一级、二级、三级、四级和五级。旅馆建筑应根据其等级、类型、规模、服务特点、经营管理要求以及当地气候、周边环境和相关设施情况,设置客房部分、公共部分及辅助部分。

旅馆建筑给水排水系统的用水水质应符合现行国家标准《生活饮用水卫生标准》GB 5749 的规定。四级和五级旅馆建筑的用水水质还应符合下列规定:当对生活饮用水供水水源总硬度(以碳酸钙计)有要求时,应根据水源总硬度(以碳酸钙计)情况进行整个室内给水系统的水质软化;经软化后的水硬度不满足厨房洗碗机、玻璃器皿洗涤机、制冰块机、洗衣房洗衣设备对给水的总硬度(以碳酸钙计)的要求时,应进行二次软化。

旅馆建筑应设生活热水供应系统。

旅馆建筑饮水装置的设置应符合下列规定:一级至三级旅馆建筑宜设开水供应装置;四级和五级旅馆建筑除应设开水装置外,还宜设管道直饮水供应装置。

三级至五级旅馆建筑宜设洗浴、洗涤等优质废水净化回用系统,回用再生水可用于冲洗地面和绿化浇洒等。

旅馆建筑排水系统应符合下列规定:五级旅馆建筑客房卫生间排水宜设污废分流系统,其他旅馆建筑应根据洗浴废水的回收方案选择污废合流或污废分流系统;厨房排水应为独立排水系统,并应对油脂进行回收及处理;客房卫生间排水系统宜采用通气立管排水系统或特殊(配件)单立管排水系统。

1.1.5 医疗建筑

医疗建筑的内涵可以总结为以治疗疾病、维护人类健康为目标的用来支撑社会医疗、保健和福利制度的建筑设施,包括作为医疗功用的普通医院、专科医院、诊所;作为保健功用的疾病预防中心、保健中心、体检中心;作为福利功用的疗养院、老年福利设施等建筑及建筑群。建筑高度大于 24m 的医疗建筑为一类高层建筑。

医疗建筑应建设污水、污物处理设施,污水的排放与医疗废物和生活垃圾的分类、归集、存放与处置应遵守国家有关医疗废物管理和环境保护的规定。

1.1.6 教育文化建筑

教育建筑是供人们开展教学及相关活动所使用的建筑物。如高等院校、中小学校、托儿所、幼儿园等。教育建筑包括学校校园内的教学楼、图书馆、实验楼、风雨操场(体育场馆)、会堂、办公楼、学生宿舍、食堂及附属设施等供教育教学活动所使用的建筑物及生活用房。

中小学建筑应设置给水排水系统,并选择与其等级和规模相适应的器具设备。室内消火栓箱不宜采用普通玻璃门。当化学实验室给水水嘴的工作压力大于 0.02MPa，急救冲洗水嘴的工作压力大于 0.01MPa 时，应采取减压措施。实验室化验盆排水口应装设耐腐蚀的挡污箅，排水管道应采用耐腐蚀管材。化学实验室的废水应经过处理后再排入污水管道。

托儿所、幼儿园建筑应由生活用房、服务管理用房和供应用房等部分组成。生活用房不应设置在地下室或半地下室。托儿所、幼儿园建筑应设置给水排水系统，且设备选型和系统配置应适合幼儿需要。托儿所、幼儿园建筑宜设置集中热水供应系统，也可采用分散制备热水或预留安装热水供应设施的条件，热水系统应设置防烫伤措施。

托儿所、幼儿园建筑应设置饮用水开水炉，宜采用电开水炉。开水炉应设置在专用房间内，并应设置防止幼儿接触的保护措施。托儿所、幼儿园不应设置再生水系统及管道直饮水系统。

文化建筑包括博物馆、艺术中心、图书馆、展览馆等，旨在传承和弘扬当地的文化精髓。

展览建筑规模可按基地以内的总展览面积划分为特大型、大型、中型和小型，并应符合表 1-3 的规定。

展览建筑分类 表 1-3

建筑规模	总展览面积 S（m^2）
特大型建筑	$S > 100000$
大型建筑	$30000 < S \leqslant 100000$
中型建筑	$10000 < S \leqslant 30000$
小型建筑	$S \leqslant 10000$

展览建筑应根据其规模、展厅的等级和需要设置展览空间、公共服务空间、仓储空间和辅助空间。展览建筑需满足展览工艺的要求，同时要为给水、电气、智能化等技术设备的不断发展预留安装和更换空间。

博物馆建筑可按建筑规模划分为特大型馆、大型馆、大中型馆、中型馆、小型馆五类，建筑规模分类应符合表 1-4 的规定。

博物馆建筑分类 表 1-4

建筑规模类别	建筑总建筑面积（m^2）
特大型馆	>50000
大型馆	20001～50000
大中型馆	10001～20000
中型馆	5001～10000
小型馆	≤5000

博物馆建筑的功能空间应划分为公众区域、业务区域和行政区域，并应根据工艺设计的要求确定各功能空间的面积分配。博物馆建筑的藏（展）品出入口、观众出入口、员工

出入口应分开设置。公众区域与行政区域、业务区域之间的通道应能关闭。

1.1.7 场站建筑

场站建筑是在城市客运交通系统中，为不同交通方式或同一交通方式不同方向、功能的线路提供的客流集散和转换的场所，也可以称为城市客运交通枢纽。城市客运交通枢纽应分为城市综合客运枢纽和城市公共交通枢纽。城市综合客运枢纽包括航空枢纽、铁路枢纽、公路客运枢纽、客运港口枢纽。城市公共交通枢纽包括城市轨道交通枢纽、公共汽（电）车枢纽。

城市客运交通枢纽应根据规划年限的枢纽日客流量进行分级，级别划分应符合表 1-5 的规定。

城市客运交通枢纽级别划分 　　　　　　　　表 1-5

级别	枢纽日客流量P（万人次/d）				
	超大城市（$P_c \geqslant 1000$ 万人）	特大城市（500 万人 $\leqslant P_c < 1000$ 万人）	大城市（100 万人 $\leqslant P_c < 500$ 万人）	中城市（50 万人 $\leqslant P_c < 100$ 万人）	小城市（$P_c < 50$ 万人）
特级	$P \geqslant 80$	—	—	—	—
一级	$40 \leqslant P < 80$	$40 \leqslant P < 80$	$40 \leqslant P < 80$	$20 \leqslant P < 40$	$10 \leqslant P < 20$
二级	$20 \leqslant P < 40$	$20 \leqslant P < 40$	$20 \leqslant P < 40$	$10 \leqslant P < 20$	$3 \leqslant P < 10$
三级	$10 \leqslant P < 20$	$10 \leqslant P < 20$	$10 \leqslant P < 20$	$3 \leqslant P < 10$	$1 \leqslant P < 3$
四级	$3 \leqslant P < 10$	$3 \leqslant P < 10$	$3 \leqslant P < 10$	$P < 3$	$P < 1$

注：P_c 为城区常住人口。

场站建筑设计应满足客流换乘需求，并应具有良好的通风、照明、卫生、防灾等条件，同时应满足运营及管理需求。还应根据枢纽客流预测、用地条件、使用要求等，合理确定各类用房及空间的功能布局及建设规模。

1.2 民用建筑主要设置的给水排水系统

给水排水系统是建筑必不可少的重要组成部分，民用建筑给水排水系统主要包括给水、排水、消防三大部分。

1.2.1 生活给水系统

生活给水系统将外部水源引进建筑物内，并输送到各用水点，满足建筑物内饮用、烹调、洗涤、沐浴及冲洗等生活用水。除水压、水量应满足需要外，水质必须严格符合国家规定的饮用水水质标准。

建筑内部生活给水系统一般由引入管、水表节点、给水管道、给水控制附件、配水设施、增压和储水设备、计量仪表等组成。

1. 引入管

引入管是指从室外给水管网的接管点至建筑物内的管段。引入管上一般设有水表、阀门等附件。直接从城镇给水管网接入建筑物的引入管上应设置止回阀，如装有倒流防止器则不需再装止回阀。

2. 水表节点

水表节点是安装在引入管上的水表及其前后设置的阀门和泄水装置的总称。水表前后的阀门用于水表检修、拆换时关闭管路，泄水口主要用于系统检修时放空管网的余水，也可用来检测水表精度和测定管道水压值。

3. 给水管道

给水管道包括水平干管、立管、支管和分支管。

4. 给水控制附件

管道系统中调节水量、水压、控制水流方向，以及关断水流，便于管道、仪表和设备检修的各类阀门和设备。

5. 配水设施

配水设施即用水设施。生活给水系统配水设施主要指卫生器具的给水配件或配水龙头。

6. 增压和储水设备

增压和储水设备包括升压设备和储水设备。如水泵、气压罐、水箱、储水池和吸水井等。

7. 计量仪表

用于计量水量、压力、温度和水位等的专用仪表。

1.2.2　热水系统

热水系统主要由热源、热媒管网系统（第一循环系统）、加（储）热设备、配水和回水管网系统（第二循环系统）、附件和用水器具等组成。

热源是制取热水或热媒的能源，可以是工业废热、余热、地热、太阳能、空气源热泵、水源热泵、能保证全年供热的热力管网、燃油、燃气热水机组及电能等。

热媒是热传递载体，常为热水、蒸汽、烟气。集中热水供应系统中，热水锅炉或热水机组与水加热器或储热水罐之间组成的热媒或热水的循环系统称为第一循环系统。

加热设备是用于直接制备热水供应系统所需的热水或是制备热媒后供给水加热器进行二次换热的设备。一次换热设备就是直接加热。二次加热设备就是间接加热设备，在间接加热设备中热媒与被加热水不直接接触。有些加热设备带有一定的容积，兼有储存、调节热水用水量的作用。储热设备是仅有储存热水功能的热水箱或热水罐。

回水管是在热水循环管系中仅通过循环流量的管段。集中热水供应系统中，水加热器或储热水罐与热水供回水管道组成的热水循环系统称为第二循环系统。

按供应范围，建筑热水供应系统分为集中热水供应系统、局部热水供应系统、分散式热水供水系统。

1. 集中热水供应系统

供给一栋（不含单栋别墅）、数栋建筑或供给多功能单栋建筑中一个、多个功能部门所需热水的系统。该系统的优点是加热设备集中设置，便于维护管理，建筑物内各热水用水点不需另设加热设备占用建筑空间；加热设备的热效率较高，制备热水的成本较低。其缺点是设备、系统较复杂，投资较大，热水管网较长，热损失较大。

2. 局部热水供应系统

供给单栋别墅、住宅的单个住户、公共建筑的单个卫生间、单个厨房餐厅或淋浴间等用房热水的系统。该系统的优点是输送热水的管道距离短，热损失小；设备、系统简单，造价低；系统维护管理方便、灵活；易于改建或建设。缺点是小型加热器的热效率低，制水成本较高；建筑物内的各热水配水点需单独设置加热器，占用建筑空间。

1.2.3 再生水系统

再生水指各种排水经处理后，达到规定的水质标准，可在生活、市政、环境等范围内利用的非饮用水。再生水系统是由再生水原水的收集、储存、处理和再生水供给等工程设施组成的有机结合体，是建筑物或建筑小区的功能配套设施之一。

再生水系统宜包括原水、处理和供水三个系统。

1. 再生水原水系统

再生水原水系统是指收集、输送再生水原水到再生水处理设施的管道系统及附属构筑物。原水系统应计算原水收集率，收集率不应低于回收排水项目给水量的75%。

2. 再生水处理系统

再生水处理系统应由原水调节池（箱）、再生水处理工艺构筑物、消毒设施、再生水储存池（箱）、相关设备、管道等组成。

再生水处理工艺流程应根据再生水原水的水质、水量和再生水的水质、水量、使用要求及场地条件等因素，经技术经济比较后确定。一般由预处理、主处理、后处理3个部分组成。当以盥洗排水、污水处理厂（站）二级处理出水或其他较为清洁的排水作为再生水原水时，可采用以物化处理为主的工艺流程。当以含有洗浴排水的优质杂排水或生活排水作为再生水原水时，宜采用以生物处理为主的工艺流程。在有可供利用的土地和适宜的场地条件时，也可以采用生物处理与生态处理相结合或者以生态处理为主的工艺流程。当再生水用于供暖、空调系统补充水等其他用途时，应根据水质需要增加相应的深度处理措施。当采用膜处理工艺时，应有保障其可靠进水水质的预处理工艺和易于膜的清洗、更换的技术措施。

3.再生水供水系统

再生水供水系统把再生水通过输配水管网送至各用水点，由再生水储水池、再生水配水管网、再生水高位水箱、控制和配水附件、计量设备等组成。再生水供水系统与生活饮用水给水系统应分别独立设置。

1.2.4 直饮水系统

直饮水系统指原水经过深度净化处理达到标准后，通过管道供给人们直接饮用的供水系统。原水指未经深度净化处理的城镇自来水或符合生活饮用水水源标准的其他水源，水处理工艺流程的选择应依据原水水质，经技术经济比较后确定，处理后的出水应符合现行行业标准《饮用净水水质标准》CJ/T 94 的规定。

深度净化处理应根据处理后的水质标准和原水水质进行选择，宜采用膜处理技术。目前的膜处理技术包括微滤、超滤、纳滤和反渗透。由于膜处理的特殊要求，在工艺设计中不同的膜处理应相应配套预处理、后处理单元和膜的清洗设施。

1）预处理的目的是减轻后续膜的结垢、堵塞和污染，以保证膜工艺系统的长期稳定运行。可采用过滤（如多介质过滤器、活性炭过滤器、精密过滤器、微滤、KDF 处理）、软化（主要为钠离子交换器）和化学处理（如 pH 调节、阻垢剂投加、氧化）等。

2）后处理是指膜处理后的保质或水质调整处理。可采用消毒灭菌（如紫外线、臭氧、氯、二氧化氯、光催化氧化技术）或水质调整处理（如 pH 调节、温度调节、矿化过滤、磁化）等。

3）膜污染是造成膜组件运行失常的主要影响因素。膜的清洗可采用物理清洗或化学清洗，可根据不同的膜组件及膜污染类型进行系统配套设计。通常，纳滤和反渗透膜一般用化学清洗；对于超滤系统，一般为中空纤维膜，所以多用水反冲洗或气水反冲洗。

1.2.5 生活排水系统

生活排水系统收集建筑内人们日常生活中产生的生活污水和生活废水，并及时排到室外。室内生活排水管道系统的设备选择、管材配件连接和布置不得造成泄漏、冒泡、返溢，不得污染室内空气、食物、原料等。室内生活排水管道应以良好水力条件连接，并以管线最短、转弯最少为原则，应按重力流直接排至室外检查井；当不能自流排水或会发生倒灌时，应采用机械提升排水。

生活排水应与雨水分流排出。按建筑物内生活污水与生活废水是否合流后排出将生活排水系统分为污废分流和污废合流。下列情况宜采用生活污水与生活废水分流的排水系统：当政府有关部门要求污水、废水分流且生活污水需经化粪池处理后才能排入城镇排水管道时；生活废水需回收利用时；使用或管理方对排水噪声、室内环境有较高要求时（如星级酒店）。

1.2.6　雨水排水系统

雨水排水系统用来排除建筑物屋面的雨水。屋面雨水排水系统应迅速、及时地将屋面雨水排至室外地面或雨水控制利用设施和管道系统。

屋面雨水排水系统设计应根据建筑物性质、屋面特点等，合理确定系统形式、计算方法、设计参数、排水管材和设备。设计暴雨强度应按当地或相邻地区暴雨强度公式计算确定；屋面雨水排水设计降雨历时应按 5min 计算；屋面雨水排水管道工程设计重现期应根据建筑物的重要程度、气象特征等因素确定，一般性建筑物屋面设计重现期不宜小于 5 年，重要公共建筑屋面设计重现期不宜小于 10 年；建筑的雨水排水管道工程与溢流设施的排水能力应根据建筑物的重要程度、屋面特征等按下列规定确定，一般建筑的总排水能力不应小于 10 年重现期的雨水量，重要公共建筑、高层建筑的总排水能力不应小于 50 年重现期的雨水量，当屋面无外檐天沟或无直接散水条件且采用溢流管道系统时，总排水能力不应小于 100 年重现期的雨水量，满管压力流排水系统雨水排水管道工程的设计重现期宜采用 10 年；屋面的雨水径流系数可取 1.00，当采用屋面绿化时，应按绿化面积和相关规范选取径流系数。

小区雨水排水系统应与生活污水系统分流。雨水回用时，应设置独立的雨水收集管道系统，雨水利用系统处理后的水可与其他再生水合并回用。

1.2.7　室内外消火栓系统

消火栓灭火系统可分为室外消火栓灭火系统和室内消火栓灭火系统。

1. 室外消火栓灭火系统

由室外消火栓、供水管网和消防水池、室外消火栓增压设备等组成，用作消防车供水或直接接出消防水带及水枪进行灭火。当市政管网供水条件满足要求时，应优先采用市政管网对室外消火栓灭火系统供水；当市政管网供水条件无法满足要求时，需采用消防水池、室外消火栓增压水泵组成的临时高压室外消火栓灭火系统。

2. 室内消火栓灭火系统

由消防水池、室内消火栓增压设备、管网、室内消火栓箱、高位消防稳压水箱（池）及增压稳压设备、仪表等组成。室内消火栓箱由消火栓、水带、水枪三个主要部件组成，用以直接接出消防水带及水枪进行灭火；另外，需根据规范要求确定是否配置消防软管卷盘，为了在发生火灾时能迅速启动消防泵进行灭火，设有报警按钮。

室内消火栓灭火系统按供水形式分为高压消防给水系统和临时高压消防给水系统。高压消防给水系统是指能始终保持满足水灭火设施所需的系统工作压力和流量，火灾时无须消防水泵直接加压的系统。临时高压消防给水系统指平时不能满足水灭火设施所需的系统工作压力和流量，火灾时能直接自动启动消防水泵以满足水灭火设施所需的压力和流量的系统。消火栓系统按管道内存水状态又可分为干式系统和湿式系统两种，室外消火栓应采用湿式消火栓，室内环境不低于 4℃，且不高于 70℃的场所应采用湿式室内消火栓系统。干式消火栓系统的充水时间不应大于 5min。

1.2.8 自动喷水灭火系统

自动喷水灭火系统由洒水喷头、报警阀组、水流报警装置（水流指示器或压力开关）等组件，以及管道、供水设施等组成，能在发生火灾时自动喷水。

自动喷水灭火系统按喷头的开启形式可分为闭式系统和开式系统。闭式自动喷水灭火系统是指在自动喷水灭火系统中采用闭式喷头，平时系统为封闭系统，火灾发生时喷头自动打开喷水灭火的系统。开式系统是指在自动喷水灭火系统中采用开式喷头，平时系统为敞开状态，报警阀处于关闭状态，管网中无水，发生火灾时报警阀开启，管网充水，喷头喷水灭火。

1. 闭式喷水灭火系统

1）湿式系统

湿式系统主要由闭式洒水喷头、水流指示器、管网、湿式报警阀组以及管道和供水设施等组成。该系统仅有湿式报警阀和必要的报警装置。湿式喷水灭火系统管道内充满压力水，火灾时能立即喷水灭火。湿式系统适用于环境温度不低于 4℃且不高于 70℃的建筑物。湿式报警装置最大工作压力为 1.2MPa。

2）干式系统

干式系统的组成与湿式系统的组成基本相同，但报警阀组采用的是干式的。干式系统管网内平时不充水，充入有压气体（或氮气），与报警阀前的供水压力保持平衡，使报警阀处于紧闭状态。当发生火灾时，干式系统的喷水灭火速度不如湿式系统快，系统充水时间不宜大于 1min。干式系统为保持气压，需要配套设置补气设施，因而提高了系统造价，比湿式系统投资高。干式喷头应向上安装（干式悬吊型喷头除外）。干式报警阀最大工作压力不超过 1.2MPa。干式喷水管网的容积不宜超过 1500L；当有排气装置时，不宜超过 3000L。

3）预作用系统

预作用系统采用预作用报警阀组，由火灾自动报警系统启动。管网中平时不充水，而充以有压或无压的气体，发生火灾时，由感烟（或感温、感光）探测器报警，信号延迟 30s后，自动控制系统打开控制闸门排气，启动预作用阀门向喷水管网充水。当火灾温度继续升高，闭式喷头喷水灭火。

预作用系统比湿式系统和干式系统多了一套自动探测报警控制系统，系统比较复杂、投资较大。一般用于建筑装饰要求较高、不允许有水渍损失、灭火要求及时的建筑和场所。

2. 开式喷水灭火系统（雨淋系统）

1）开式系统采用开式洒水喷头，由火灾探测器、雨淋阀、管道和开式洒水喷头组成。

发生火灾时，由火灾探测系统自动开启雨淋阀，也可人工开启雨淋阀，由雨淋阀控制其配水管道上所有的开式喷头同时喷水，可以在瞬间喷出大量的水覆盖火区，达到灭火的目的。

2）雨淋灭火系统具有出水量大、灭火控制面积大、灭火及时等优点，但水渍损失大于闭式系统，通常用于燃烧猛烈、蔓延迅速的某些严重危险级场所。

1.2.9 气体灭火系统

气体灭火系统是指由气体作为灭火剂的灭火系统。

1. 七氟丙烷灭火系统

七氟丙烷灭火剂的灭火原理是灭火剂喷洒在火场周围时，因化学作用惰化火焰中的活性自由基，使氧化燃烧的链式反应中断从而达到灭火目的。它具有无色、无味、不导电、无污染的特点。七氟丙烷灭火装置分为有管网系统和无管网（柜式）系统。

1）有管网系统又分为内储压系统和外储压系统。其主要区别为灭火药剂的传送距离不同，内储压系统的传送距离一般不超过60m，外储压系统的传送距离可达220m。

2）无管网系统气体灭火剂储存瓶包装成灭火柜，外形美观，平时放在需要保护的防护区内，在发生火灾时，不需要经过管路，直接就在防护区内喷放灭火。其灭火效能高、灭火速度快、毒性低、对设备无污损，灭火装置性能优良，其控制部分可与消防控制中心相衔接。

2. 二氧化碳灭火系统

二氧化碳（CO_2）灭火机理有窒息作用和冷却作用，前者作用为主，后者作用为辅。它具有来源广泛、价格低廉、灭火性能好、热稳定性及化学稳定性好，灭火后不污损保护物的特点。

1）按应用方式可分为全淹没灭火系统和局部应用灭火系统。

a. 全淹没灭火系统是指在规定的时间内，向防护区喷射一定浓度的二氧化碳，并使其均匀地充满整个防护区的灭火系统，用于扑救封闭空间内的火灾。

b. 局部应用灭火系统是指向保护对象以设计喷射率直接喷射二氧化碳，并持续一定时间的灭火系统。

2）按系统结构可分为有管网系统和无管网系统，管网系统又可分为组合分配系统和单元独立系统。

a. 组合分配系统是指用一套二氧化碳储存装置保护2个或2个以上防护区的灭火系统。组合分配系统总的灭火剂储存量按需要灭火剂最大的一个防护区或保护对象确定，当某个防护区发生火灾时，通过选择阀、容器阀等控制定向释放灭火剂。

b. 单元独立系统是用一套灭火储存装置保护一个防护区的灭火系统。一般来说，用单元独立系统保护的防护区在位置上是单独的，离其他防护区较远不便于组合，或是两个防护区相邻，但有同时失火的可能。

第 1 章　综　述

1.2.10　水喷雾灭火系统

水喷雾灭火系统是由水源、供水设备、管道、雨淋报警阀（或电动控制阀、气动控制阀）、过滤器和水雾喷头等组成，向保护对象喷射水雾进行灭火或防护冷却的系统。

水喷雾灭火系统是在自动喷水灭火系统的基础上发展起来的，主要用于火灾蔓延快且适合用水灭火但自动喷水灭火系统又难以保护的场所。该系统是利用水雾喷头在一定水压下将水流分解成细小水雾滴进行灭火或防护冷却的一种固定式灭火系统。水喷雾灭火系统可用于扑救固体物质火灾、丙类液体火灾、饮料酒火灾和电气火灾，并可用于可燃气体和甲、乙、丙类液体的生产、储存装置或装卸设施的防护冷却。不得用于扑救遇水能发生化学反应造成燃烧、爆炸的火灾，以及水雾会对保护对象造成明显损害的火灾。

1.2.11　建筑灭火器

灭火器是扑救初起火灾的重要消防器材。存在可燃的气体、液体、固体等物质的场所，均需配置灭火器。

灭火器配置场所的火灾种类可划分为以下五类：

A 类火灾：固体物质火灾。

B 类火灾：液体火灾或可熔化固体物质火灾。

C 类火灾：气体火灾。

D 类火灾：金属火灾。

E 类火灾（带电火灾）：物体带电燃烧的火灾。

各类火灾使用的灭火器选型应符合下列规定：

1）A 类火灾场所应选择水型灭火器、磷酸铵盐干粉灭火器、泡沫灭火器或卤代烷灭火器。

2）B 类火灾场所应选择泡沫灭火器、碳酸氢钠干粉灭火器、磷酸铵盐干粉灭火器、二氧化碳灭火器、灭 B 类火灾的水型灭火器或卤代烷灭火器。

极性溶剂的 B 类火灾场所应选择灭 B 类火灾的抗溶性灭火器。

3）C 类火灾场所应选择磷酸铵盐干粉灭火器、碳酸氢钠干粉灭火器、二氧化碳灭火器或卤代烷灭火器。

4）D 类火灾场所应选择扑灭金属火灾的专用灭火器。

5）E 类火灾场所应选择磷酸铵盐干粉灭火器、碳酸氢钠干粉灭火器、卤代烷灭火器或二氧化碳灭火器，但不得选用装有金属喇叭喷筒的二氧化碳灭火器。

民用建筑灭火器配置场所的危险等级，应根据其使用性质、人员密集程度、用电用火情况、可燃物数量、火灾蔓延速度、扑救难易程度等因素，划分为以下三级：

严重危险级：使用性质重要，人员密集，用电用火多，可燃物多，起火后蔓延迅速，扑救困难，容易造成重大财产损失或人员群死群伤的场所；

中危险级：使用性质较重要，人员较密集，用电用火较多，可燃物较多，起火后蔓延较迅速，扑救较难的场所；

轻危险级：使用性质一般，人员不密集，用电用火较少，可燃物较少，起火后蔓延较缓慢，扑救较易的场所。

灭火器的设置应符合下列规定：

1）灭火器应设置在位置明显和便于取用的地点，且不得影响安全疏散；

2）灭火器不得设置在超出其使用温度范围的地点；

3）在同一灭火器配置场所，当选用2种或2种以上类型灭火器时，应采用灭火剂相容的灭火器；

4）一个计算单元内配置的灭火器数量不得少于2具；

5）每个灭火器设置点实配灭火器的灭火级别和数量不得小于最小需配灭火级别和数量的计算值；

6）灭火器设置点的位置和数量应根据灭火器的最大保护距离确定，并应保证最不利点至少在1具灭火器的保护范围内。

1.3 本章小结

民用建筑功能多、用途广、类型繁杂，不同建筑物对给水排水系统的需求也各不相同，在设计中应充分分析项目的使用功能、建筑高度、建筑体量、内部净高、装饰做法、可燃物类别等特点，进行适用和有针对性的给水排水系统设计。本章简要介绍了住宅建筑、商店建筑、办公建筑、旅馆建筑、医疗建筑、教育文化建筑、场站建筑等常见民用建筑类型，对各类型民用建筑的定义、分类、基本设计要求进行了阐述；简要介绍了民用建筑常用给水排水系统，对生活给水系统、热水系统、再生水系统、直饮水系统、生活排水系统、雨水排水系统、室内外消火栓系统、自动喷水灭火系统、气体灭火系统、水喷雾灭火系统、建筑灭火器配置等进行了简明扼要的介绍。

第 2 章

住宅建筑给水排水设计

2.1 住宅建筑分类

住宅是指供家庭居住使用的建筑。《建筑设计防火规范》GB 50016—2014（2018 年版）将民用建筑分为住宅建筑和公共建筑两大类，住宅建筑根据建筑高度分为单多层住宅建筑、二类高层住宅建筑和一类高层住宅建筑。国家法律法规对于不同类别住宅在总平面布局、平面布置、安全疏散和避难、建筑构造、灭火救援设施和消防设施的设置等方面有不同的规定。

2.1.1 单多层住宅建筑

单多层住宅建筑是指建筑高度不大于 27m 的住宅建筑。单多层住宅建筑主要包含独栋、联排、叠墅和多层住宅。单多层住宅建筑的给水排水系统相对简单，一般包含生活给水、生活热水、生活排水、雨水排水和灭火器系统，建筑高度大于 21m 的多层住宅还需要配置消火栓系统。

2.1.2 二类高层住宅建筑

二类高层住宅建筑是指建筑高度大于 27m，但不大于 54m 的住宅建筑。二类高层住宅建筑的给水排水系统一般包含生活给水、生活热水、生活排水、雨水排水、消火栓和灭火器系统。

2.1.3 一类高层住宅建筑

一类高层住宅建筑是指建筑高度大于 54m 的住宅建筑。一类高层住宅建筑根据建筑高度还可以分为 100m 及以下的一类高层住宅和 100m 以上的超高层住宅。一类高层住宅建筑的给水排水系统一般包含生活给水、生活热水、生活排水、雨水排水、消火栓和灭火器系统，超高层住宅建筑还需设置自动喷淋灭火系统。

2.2 住宅建筑给水排水设计重难点问题分析

《住宅设计规范》GB 50096—2011 规定：住宅应设室内给水排水系统。住宅的给水总立管、雨水立管、消防立管、供暖供回水总立管和配电、弱电干线（管），不应布置在套内。公共功能的阀门、电气设备和用于总体调节和检修的部件，应设在共用部位。住宅的水表、电能表、热量表和燃气表的设置应便于管理。住宅建筑一般为产权独立，私人使用，在设计和使用上与公共建筑存在一些区别，在给水排水设计过程中需要重点关注以下内容。

2.2.1 供水系统的确定

市政自来水根据规划给每个小区地块的预留给水点可以保证一定的水量和水压要求，部分建筑可以直接由市政自来水供应，满足其生活用水水量和水压的要求。大多数建筑需要建设生活水泵房进行调蓄和加压供水，即在小区内建设二次供水工程。目前，小区内的二次供水工程建设和管理，有业主自行建设管理、业主自行建设由自来水公司管理和自来水公司建设管理这样三种方式。业主自行管理的二次供水系统，全国各地多次出现供水安全欠缺、管理混乱的问题。据央视新闻 2021 年 2 月 2 日报道，济南市某小区部分居民出现不适症状，其中 6 人到医疗机构就诊。相关部门在居民排泄、呕吐物标本和生活饮用水样中检测出诺如病毒，确定系该区域自建供水设施水质污染所致。后经调查，此次水质污染是由于小区物业疏于管理、未按规定对供水设施进行清洗消毒所致。

随着人民生活水平提高，对供水安全性的要求也越来越高。供水安全事故的频发，也引起各个部门的重视。2015 年，住房和城乡建设部、国家发展和改革委员会、公安部、国家卫生和计划生育委员会联合发布的《关于加强和改进城镇居民二次供水设施建设与管理确保水质安全的通知》明确要求：一、充分认识加强和改进二次供水设施建设与管理的重要性和紧迫性；二、全面加强和改进二次供水设施建设与管理工作；三、充分发挥政府在二次供水设施建设与管理中的主导作用。为了解决物业对水箱泵房等管理不到位、小区供水水质安全差、管网漏损严重的问题，很多城市的供水公司对自来水公司的维护管理范围进行了调整，自来水公司维护管理的范围包含从小区外市政道路至住户水表前的管道，涵盖所有的供储水设备和材料。这种调整更便于供水安全责任的明确，加强了供水管理专业性，提供了更好的供水安全保障，这种方式也是小区二次供水系统管理的一个趋势。

结合小区二次供水工程的管理需求，在进行住宅建筑供水工程设计时，设计人员需要充分了解当地自来水公司的供水管理规定，包括生活水泵房设置、供水分区、自来水管井尺寸、管材、管网设置要求等。不同区域的自来水公司对于二次供水有着不同要求，例如珠海自来水公司要求生活给水泵房不得设置在负一层以下，避免被淹风险；多层建筑的水表需在首层水井集中设置；单个供水分区高度不得超过 8 层。中山自来水公司规定生活水箱应优先采用钢筋混凝土结构。上海大部分地区自来水公司要求 12 层以下住宅采用低位生活水池 + 变频泵组供水，12 层及以上住宅采用低位生活水池 + 工频泵组 + 屋顶生活水箱供水。管材方面，一些自来水公司要求采用不锈钢管道且材料等级不低于 SUS316，有的自来水公司仍然允许采用衬塑钢管。在项目初始阶段，设计人员应充分了解项目所在地自来水公司的管理规定，保证供水系统的设计能满足后续交付和使用的需求。

2.2.2　热水系统选择

热水系统根据系统供应的范围大小可分为集中热水供应系统、局部热水供应系统和分散热水供应系统。集中热水系统由于后期运维管理相对复杂以及成本较高，在住宅建筑中较少应用。供单个住户使用的局部热水系统是住宅建筑中最为常见的系统。住宅通常可通过燃气热水器、电热水器、太阳能热水器、空气源热泵及其他方式提供生活热水所需的热源。热源的选择需要结合项目所在地的气候条件、政策和人员使用习惯等因素综合确定。

燃气热水器由于其具有加热速度快、即开即用、使用成本较低等优点，是住宅建筑常用的一种热水供应方式。北方地区冬季气温很低，冬季为了保暖，房间通常密闭性较高，而燃气热水器要考虑防风、防冻的问题，必须安装在通风的地方，否则会有燃气中毒的风险，因此北方地区燃气热水器安装使用率相对要低于南方。

民用建筑与太阳能热水系统应用技术相结合是建设领域节能降耗的重要组成部分，是应对全球气候变化，发展低碳经济社会、促进循环经济、建设生态城市的迫切需求。推广应用太阳能热水系统，对于减少矿物能源消耗，减少环境污染，缓解能源紧张形势，加快建筑产业化转型升级，拉动节能环保建材，实现可持续发展都具有重要意义。全国各地均推出了"推广应用太阳能热水系统与建筑一体化建设"类的文件，鼓励在住宅建筑中采用太阳能热水器。如 2010 年公布的《海南省太阳能热水系统建筑应用管理办法》中要求 12层以下（含 12 层）住宅建筑应当统一配建太阳能热水系统。2010 年实施的《海南省民用建筑应用太阳能热水系统补偿建筑面积管理暂行办法》规定海南省范围内新建、改建、扩建的民用建筑项目，按照国家和海南省规范标准要求集中安装使用太阳能热水系统，且未获得太阳能热水系统建筑应用财政资金补助的，可按本办法规定补偿建筑面积，所增加的建筑面积不计入容积率。政府的大力推动，以及太阳能本身自带的节能和清洁属性，使得太阳能热水器在住宅建筑中得到了广泛的应用。

空气源热水器也是近些年广泛使用的一种住宅建筑热水供应方式，它具有节能、便捷、安全和环保的优点，但同时由于其环境适应性问题，在北方地区的使用受到一定限制。空气源热水器需要配置储热水箱，会占用一定的使用空间，也会对空气源热水器的选择应用产生影响。

2.2.3　排水方式选择

住宅建筑的排水方式根据排水支管敷设的位置，可以分为同层排水和异层排水两种方式。住宅建筑排水系统还可以根据卫生间污水和废水是否分设管道分为污废水分流和污废水合流两种系统。不同排水方式的选择对于土建、管道、装饰，以及室外排水管网和构筑物设置都有直接影响。住宅排水方式的选择受本地习惯、政策、项目成本及定位等多方面因素的综合影响，对整个项目的建筑设计也有直接影响。

异层排水是公共建筑和早期住宅建筑最为常见的一种排水方式，洁具和地漏设置于本层，室内排水支管穿过本层楼板，接到下层的排水横管，再接入排水立管的敷设方式。其优点是排水通畅、安装方便、维修简单、土建造价低、配套管道和卫生洁具市场成熟。主要缺点是排水管道噪声的相互干扰，管道漏水到下层易引发邻里纠纷。同层排水是指同楼层的排水支管均不穿越楼板，在同楼层内连接到主排水管的一种排水方式。其优点主要是卫生间排水管路系统布置在本层业主家中，管道检修可在本层内进行，不干扰下层住户；卫生器具的布置不受限制。主要缺点是土建造价较高且维修比较困难，一旦发生漏水情况，需要把地面砸掉，才能进行维修。《住宅设计规范》GB 50096—2011 规定，污废水排水横管宜设置在本层套内。随着经济的增长以及住户对居住品质要求的提高，同层排水方式已经成为目前住宅建筑主流的排水方式，但部分区域的住宅建筑出于传统习惯及其他原因，仍会采用异层排水的方式。

同层排水系统根据降板的方式，分为大降板同层排水、微降板同层排水和不降板同层排水。大降板排水是在卫生间管道和洁具敷设区域设置结构降板，所有管道均在降板区域内敷设，连接至排水主立管的方式。大降板同层排水也是最早应用于住宅建筑的一种同层排水方式。微降板同层排水是对传统大降板排水方式的一种改进。微降板卫生间的坐便器采用后排水的方式，坐便器需靠近排水主立管设置，卫生间采用自带水封专用地漏，与洗脸盆排水管汇集后单独接入排水主立管。不降板同层排水坐便器为壁挂式后排水，就近接入排水主立管，卫生间地漏采用侧墙地漏，与洗脸盆排水管汇集至带水封的排水汇集器后接入排水主立管。微降板和不降板同层排水与传统大降板同层排水相比，有效提高了卫生间的净高；改善和解决了卫生间地面渗漏、沉箱积水问题；降低了综合造价；但同时也存在着卫生间洁具设置受限，无法灵活调整的缺点。

住宅卫生间污废水合流排水是住宅建筑通常采用的一种排水方式，但部分地区政府出于再生水处理回用或排水管理等方面的原因，要求卫生间采用污废水分流的排水方式。如东莞市住房和城乡建设局和东莞市建设工程质量监督站于 2019 年发布的《东莞市建筑工程质量通病防治手册》要求：卫生间应采用生活污水与生活废水分流的排水系统。排水方式的选择对于室外管网和构筑物的设置有着直接的影响，如采用污废水分流的方式，室外地库顶板上方排水管线敷设难度加大，室外地库与红线之间需要预留更多的管道敷设空间，但同时污废水分流时化粪池的容积远小于合流排水化粪池的容积。

2.2.4　设计细节控制

1981 年，作为重要的"改革开放特区"城市，深圳和广州开始进行商品房开发的试点。1982 年，中央政府开始推动实施实质的住房改革，截至 1991 年，中央政府决策通过了 24 个省、自治区、直辖市的住房改革方案，房地产的市场化之路开始起步。经过 40 多年的发展，住宅建筑的各个方面都产生了很大的进步，住宅建筑的给水排水设计也从原有的粗放型、满足基本功能需求转变为更加精细化、更加注重建筑品质，不断改变以适应新工艺新技术的要求。

早期住宅建筑均为毛坯交付，随着绿色建筑和装配式建筑技术的发展，越来越多的住宅产品为精装修交付。毛坯交付的产品，开发商交付时仅需保证基本的水电条件，户内的水电工程通常会在装修阶段进行一定程度的拆除和重新设计安装，产生了极大的浪费。精装交付的住宅建筑，在进行室内给水排水设计时，除给水排水管道外还需要考虑是否与空调、燃气的路由和预留洞口、插座位置冲突。厨房和生活阳台是各种管线设置复杂区域，需要进行仔细的平面和竖向管线综合。装配式技术也对设计的精准性提出了更高的要求。装配式设计时，如果选用卫生间、阳台或厨房的楼板、隔墙作为预制构件，预制构件中的管线需要精准留洞、留槽。构件在工厂内预制化批量生产，施工现场进行直接拼装。如工厂批量生产的构件不能匹配现场的实际需求，会造成现场大量的拆改工作。

住宅建筑不仅需要注重套内空间的设计，套外的公共空间，如前室、架空层、地下车库以及室外场地等都是业主经常活动的区域。无论是开发商还是设计师本身，对这些公共区域的给水排水设备和管线设计在满足基本功能的前提下，也提出了更多的要求。例如，车库设计时，要求消火栓远离大堂出入口及其附近区域；消火栓开启 120° 时不得影响车位；集水坑不得设置在车位范围内、大堂出入口及其附近；大堂入口处不得有管线从门厅正前方穿越；喷淋支管应平行车道布置，保证美观；车位上净高不得低于 2.4m，车道净高不低于 2.2m。室外工程设计时，要求化粪池的位置应布置在人员日常活动较少的位置，并应考虑设置位置便于清掏车辆停靠；雨污水井、阀门井及公共强弱电箱等，不应设置在私家庭院内；雨污水井、强电井、阀门井等应避免设置在小区、售楼处、车库、底商等主次出入口、进户门、单元门等重点部位；雨污水检查井、电力井应避免设置于沥青道路上；雨污水井、强电井、阀门井等井盖不得设在两种铺装材质的拼接缝上，应与铺装对缝整齐，避免阴阳井。

产品、市场和技术的不断变化，对住宅建筑给水排水设计提出了更高的要求。给水排水设计人员不仅仅要熟悉本专业的设计知识，还需要对暖通、电气、燃气、结构等多个专业的知识有基本的了解，具备管线综合设计和协调的能力，加强设计细节的把握，才能提供更优质的设计产品。

2.3　住宅建筑常用给水排水系统

2.3.1　给水系统

住宅建筑常见的生活给水系统有：市政自来水直接供水系统、变频供水系统、无负压供水系统、变频供水＋重力供水系统等。住宅建筑给水系统设计时，入户管道供水压力不应大于 0.35MPa，套内用水点供水压力不宜大于 0.20MPa，且不应小于用水器具要求的最低压力。

2.3.2 热水系统

住宅建筑生活热水一般采用局部热水供应系统，一个单元内设置一套热源供整个住户的生活热水。集中热水供应系统和分散热水供应系统（每个用水点单独设置热水器）在个别住宅项目也有应用，但数量相对较少。住宅局部热水供应系统的热源主要有：电热水器、燃气热水器（炉）、空气源热水器、太阳能热水器。图 2-1 至图 2-7 为住宅建筑常见热水系统热源及系统示意。

图 2-1　家用电热水器　　　图 2-2　家用燃气热水器　　　图 2-3　家用空气源热泵

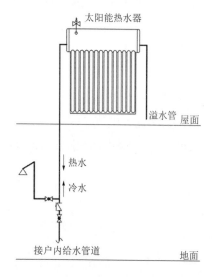 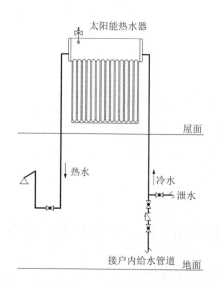

图 2-4　落水式太阳能集热器系统示意图　　　图 2-5　顶水式太阳能集热器系统示意图

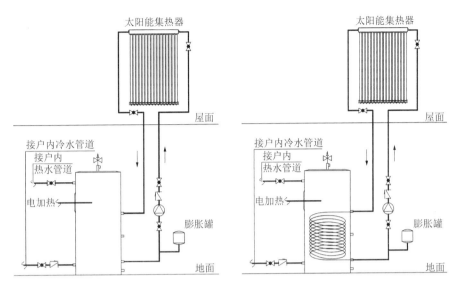

图 2-6　直接式太阳能集热器系统示意图　　图 2-7　间接式太阳能集热器系统示意图

2.3.3　排水系统

住宅建筑排水系统主要包含雨水排水、冷凝水排水、阳台及设备平台排水、厨房排水和卫生间排水,其中住宅建筑卫生间排水系统与其他类型建筑存在一定的差异性。根据排水支管设置位置,住宅建筑卫生间排水可以分为同层排水和异层排水(图 2-8),同层排水又可以分为大降板同层排水、微降板同层排水和不降板同层排水(图 2-9～图2-11)。

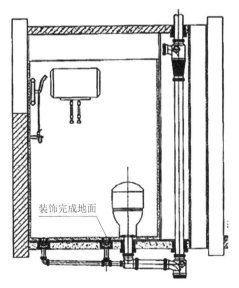

图 2-8　异层排水示意图

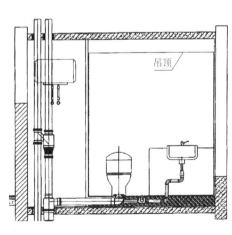

图 2-9　大降板同层排水示意图

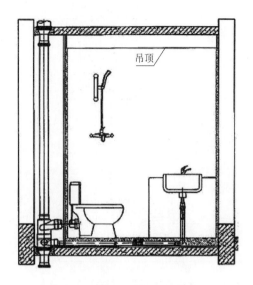

图 2-10　微降板同层排水示意图

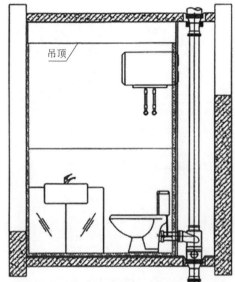

图 2-11　不降板同层排水示意图

根据住宅建筑卫生间立管数量，可以将排水系统分为单立管排水系统、双立管排水系统、三立管排水系统及特殊单立管排水系统。单立管一般应用于 10 层及以下的住宅；双立管（污水管＋通气管）应用于 10 层以上住宅；三立管（污水管＋废水管＋通气管）用于业主或地方有特殊要求的住宅项目；特殊单立管排水系统由于不同厂家产品排水能力差异严重，采用时应根据现行行业标准《住宅生活排水系统立管排水能力测试标准》CJJ/T 245 所规定的瞬间流量法进行测试，确定排水能力后方可采用。

2.3.4　消防系统

建筑高度大于 21m 的住宅建筑需设置室内消火栓系统。消火栓的设置应保证满足同一平面有 2 支消防水枪的 2 股充实水柱同时达到任何部位的要求，但建筑高度小于或等于 54m 且每单元设置一部疏散楼梯的住宅建筑，可采用 1 支消防水枪的 1 股充实水柱到达室内任何部位。

建筑高度大于 100m 的超高层住宅建筑，需要在住宅建筑的公共部位、套内各房间设置自动喷水灭火系统。超高层住宅设置的自动喷水灭火系统宜采用家用快速响应喷头。由于家居空间内有一些挂件（如窗帘等）和靠墙摆放的家具（如立柜、沙发等），它们很容易被引燃，帮助火焰沿着墙壁蔓延至顶棚，使得火势很难被扑救。火灾发生时，顶棚附近烟气温度较高，高温烟气对室内的热辐射会造成室温迅速升高，对室内人员生命安全产生极大威胁，此外，高温烟气的热辐射会使得室内可燃物大量分解，产生可燃气体，最终可能会导致轰燃。一旦发生轰燃，火灾可能会从一个防火分区蔓延至另一个防火分区，例如火从较低楼层蔓延至与其相邻的较高楼层等。家用喷头的洒水形状比较独特，它不但将水喷到地面，还有一部分水向上并侧向扩展喷洒，可以使火灾得到有效的控制。家用喷头能科学分配向各个方向的喷水，保证将火控制在起火点，降低室内温度，防止轰燃发生，为室内人员逃生提供有利条件，更有利于保护人员疏散。

2.4　工程实施过程中常见问题及处理

住宅建筑与公共建筑的设计施工有不少相同之处，但由于住宅私有产权属性以及其不同的建筑和使用特点，在工程实施过程中也存在着一些与公共建筑不同的问题。

2.4.1　卫生间、厨房返水

首层及二层住户卫生间或厨房返水是不少住宅项目使用过程中会遇见的问题。常见的原因主要有以下两种：一是排水管堵塞，堵塞物主要来源于装修垃圾和日常生活垃圾。部分业主在进行装修时存在管理不到位的情况，装修单位将部分装修垃圾直接倒入排水管道内，造成排水管道堵塞进而引起首层及二层住户返水。住宅交付正常使用过程中，也存在楼上的住户往排水管内倾倒固体垃圾造成管道淤堵，如头发、卫生纸、菜叶等，垃圾积存在排水管弯道处，导致排水速度慢，在排水集中使用时间段出现二层住户返水的情况。二是首层、二层住户管道与排水主管的连接不合理，造成高峰时返水。《建筑给水排水设计标准》GB 50015—2019 对靠近生活排水立管底部的排水支管连接要求作了具体的规定。排水立管最低排水横支管与立管连接处距排水立管管底垂直距离根据通气管的设置方式和立管连接卫生器具的层数相应有不同的要求。如最低排水横支管与立管的连接无法满足此要求，排水横支管可采用以下几种方式解决：一是单独设置排水管排至室外；二是排水支管连接在排出管或排水横干管上时，连接点至立管底部下游水平距离不得小于 1.5m；三是排水支管接入横干管竖直转向管段时，连接点应距转向处以下不得小于 0.6m。但实际项目中，由于施工管理不到位，可能会出现二层排水管道与立管连接处与排水立管底部下游距离过近，导致管道底部气体正压作用引起污水从二层卫生间或者厨房返出的事故。

要杜绝和减少住户卫生间、厨房返水的事故，需要从管理和设计两个方面进行改进。管理方面：业主装修时，物业单位需加强对业主和装修单位的管理宣传工作，提前明确如果有因为装修垃圾堵塞排水管道造成住户返水事故，装修单位和业主需要承担赔偿责任，尽量从源头减少事故发生的可能性。在装修完成后，应通过排水立管底部的检查口对排水管道进行检查和清通，保证管道排水顺畅。在日常物业维护工作中，应定期安排人员通过检查口对卫生间、厨房排水立管底部进行检查和清通。设计方面：排水设计在满足规范要求的排水管径、坡度的基础上，还可以采用其他措施进一步保障排水安全。

1）通气立管底部应接至最低排水横支管的下游，以减小管道底部正压对排水的影响。排水管道的能力不仅受排水管的管径和坡度的影响，通气系统的设置也对排水能力和排水安全有很大的影响。《建筑给水排水设计标准》GB 50015—2019 中对通气管与排水管的连接作了具体的要求：专用通气立管和主通气立管的上端可在最高层卫生器具上边缘 0.15m 或检查口以上与排水立管通气部分以斜三通连接，下端应在最低排水横支管以下与排水立管以斜三通连接；或者下端应在排水立管底部距排水立管底部下游侧 10 倍立管直径长度距离范围内与横干管或排出管以斜三通连接。

2）排水立管底部增设溢流装置。首层为架空层时，还可以通过在首层排水立管上增设溢流装置的方式对二层住户进行保护。溢流装置的构造及其余排水立管的连接见图 2-12。溢流装置为透明管件，顶部设置加水帽，管帽盖住并保持拧紧状态。平常通过加水帽注入自来水，保证溢流装置的水封，避免臭气从排水溢出口排至架空区域。如果排水管内有排水不畅现象发生，溢流装置的水封会产生浑浊或者变色，此时应及时对排水立管底部进行清通。如未及时发现异常并清通，堵塞加剧，污废水会通过溢流口排至架空层区域，也可以有效地保护二层住户的安全。溢流装置的使用受到建筑物本身的限制，如住宅建筑首层为住宅，则无法在立管上设置溢流装置，溢流装置需设置在公共区域，保证溢流时不会产生其他危害。排水立管上如设置溢流装置，对物业管理也提出了更多的要求，要加强这些区域的定期巡检，发现水封高度减小时需及时注入自来水进行补充，防止臭气外窜至架空层内。

3）二层排水管优先接入转换后立管，避免接入转换后横管。

4）首层排水管和二层排水管采用单独管道排至检查井。

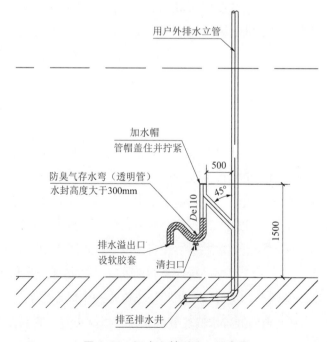

图 2-12　污水立管溢流口示意图

2.4.2　装配式构件、铝模与现场管线不匹配

装配式建筑通过提升品质、节约工期、环保和减碳几个方面给建筑行业带来了革新与进步。装配式建筑设计是建筑、结构、机电设备、室内装修一体化设计，如果各自独立设计，不可避免会出现机电安装和装修阶段的拆改、剔槽，造成效率低下、质量瑕疵和材料浪费。住宅建筑中部分预制墙体、预制楼板会有给水排水管线穿越或暗敷，需要在构件中预留孔洞、管槽或预埋管件。采用铝模工艺施工时，首先按设计图纸在工厂完成预拼装，满足工程要求后，对所有的模板构件分区、分单元分类做相应标记。然后打包转运到施工现场分类进行堆放。现场模板材料就位后，按模板编号"对号入座"分别安装。与装配式构件类似，铝模设计时也需要为暗敷给水管线预留管槽，制作模板。给水排水设计人员也需要对铝模、装配式构件的设计和生产有一定的了解，否则极易造成设计与实际需求不匹配的情况。

图 2-13 为预制卫生间楼板工厂的生产照片，图 2-14 为预制卫生间楼板现场拼装照片。按照常规现浇工艺，卫生间内排水立管均设置于管井内，穿楼板处设置套管或止水节。但卫生间楼板在工厂预制，考虑到工序减少对生产的便利性，管道穿楼板处预埋排水管后，统一在磨具内浇筑，穿楼板处管道周围均被混凝土填封。设计人员最初采用管井和卫生间降板间预留孔洞，通过排水管上排漏宝（图 2-15）排除降板积水，但工厂生产的实际情况会导致排漏宝被封堵无法使用，最终需要将沉箱排水方式调整为积水排除装置或者单独设置排水立管并安装侧排地漏的方式。

图 2-13　预制卫生间楼板工厂生产照片　　图 2-14　预制卫生间楼板现场拼装照片

图 2-15　排漏宝管件

图 2-16 为预制阳台隔板拼装完成后的照片。左侧为现浇墙体，右侧为预制墙体。墙体上横向和竖向的管槽为室内接阳台洗衣机的给水管道敷设路径。安装完成后发现预制墙体上横向管槽的高度和现浇墙体上存在 50mm 的高差。阳台给水设计平面图（图 2-17）、铝模设计深化图（图 2-18）和隔墙预制构件立面图（图 2-19）中现浇墙体上和预制墙体上横向管槽中心高度均为 $H + 1.300$。产生这一问题的原因是装配式构件图纸和铝模图纸设计时，不同人员采用了不同的标高体系，预制构件的设计人员以楼层的建筑完成面标高为基准，铝模设计人员以楼层结构完成面为基准，楼层建筑完成面和结构完成面有 50mm 高差。不同的设计基准导致了横向管槽高度不匹配，现场最终不得不重新剔槽以满足管线安装的要求。

图 2-16　预制阳台隔板拼装完成后照片

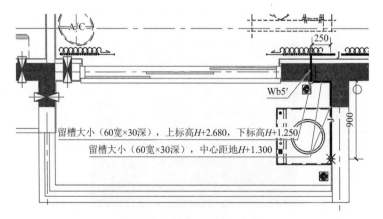

图 2-17　阳台给水设计平面图

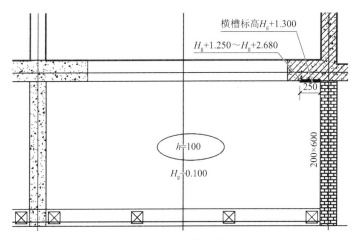

图 2-18　阳台铝模设计深化图

图 2-19　隔墙预制构件立面图

　　厨房区域管线设计复杂，传统给水排水平面加轴测图对于指导铝模设计存在一定的困难。图 2-20、图 2-21 为厨房管线安装前的照片，存在管线留槽与燃气留洞冲突，不同方向管槽未有效衔接的问题。仅靠传统的给水排水平面图和轴测图表达此类横竖向管线繁杂的区域，厂家在铝模深化设计时对给水排水图纸理解存在着一定困难，容易发生错误。图 2-22、图 2-23 为根据现场情况调整后的厨房给水平面图和立面图，通过立面图能更为直观地表达这个区域横竖向管线的敷设实际情况。为了保证设计的精准性，在进行此类管线复杂区域的设计时，在以往平面图和轴测图的基础上，往往还需要通过增加立面管线图纸或者借助 BIM（建筑信息模型）三维模型来表达管线之间的空间关系。

装配式、铝模技术的应用对给水排水的设计图纸和人员的能力提出了更多的要求。给水排水预埋图纸需要结合工艺图特点绘制，其包括预制构件上需预埋的套管、管件、预留孔洞、预留管槽等规格、尺寸、位置、正反面，以及安装工艺要求等。给水排水设计人员在项目进行过程中，应关注装配式的组合策略，哪些区域采用装配式构件，是否有给水排水管线穿越，了解卫生间、阳台、厨房、空调板这些有给水排水管线区域的预制构件生产方式，并根据不同厂家的实际制作工艺及时调整适用的管线设计方案，保证项目整体的经济合理性。厨房、设备阳台是给水排水管线密集的区域，在传统平面图和轴测图的基础上，可以通过BIM 三维工具或者增设管线立面图，增加设计表达的深度，便于铝模设计人员对给水排水专业图纸的理解，减少设计错误出现的可能性。铝模和装配式图纸完成后，还需要对管线有衔接的区域进行重点核对，避免由于设计标高基准不同导致管线衔接不匹配的问题。

图 2-20　厨房管槽图片（一）　　　　　图 2-21　厨房管槽图片（二）

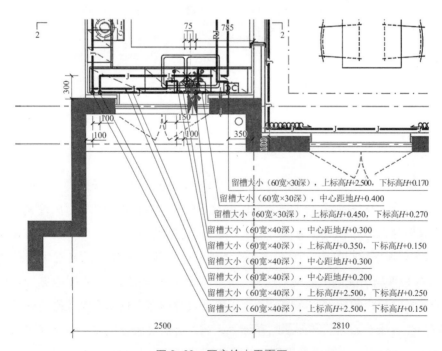

图 2-22　厨房给水平面图

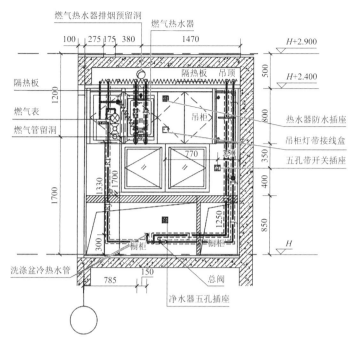

图 2-23　厨房给水立面图

2.4.3　地库设计品质不佳

地下车库是业主日常进出通行的场所。越来越多的开发商在关注室外景观、首层门厅大堂设计效果的同时，也注重提升地库的设计品质，给业主提供更佳的居住和使用体验。住宅建筑的设备用房往往集中设置于地下车库区域，水电干管通过地下车库连接至各个单体，供地上建筑使用。由于层高有限，布局紧张，管线复杂，地下车库的机电设计是住宅建筑机电设计非常重要且容易出现问题的部分。实际项目案例中，常常会出现由于给水排水管线和设备设计不合理，从而影响观感及使用的情况，如集水坑、消火栓和大堂出入口管线的布置合理性欠缺。

集水坑和排水泵的主要功能是作为地下车库日常冲洗排水、消防及事故情况排水。一般均匀分散在地下车库的每个防火分区、坡道出入口和设备用房内。实际工程中，集水坑设置经常会出现的问题有集水坑盖板设置在车位下方或附近影响业主使用，排水泵立管阀门影响车位或者车道宽度。建筑和给水排水设计人员在集水坑布置时，应避开大堂出入口区域，避免将集水坑设置在车位上方和主要车道处，如不可避免设置在车位上时，应考虑将盖板设置在车挡的末端，减少人员踩踏概率，同时应合理规划排水泵出水管阀门的设置，避开车位空间。

住宅建筑地下车库轴网尺寸小，结构柱截面尺寸较小，相邻车位间的距离较小，消火栓的布置受到较多的限制。而居住建筑地下车库车位的产权大多归业主所有，消火栓（包括开启时）进入车位线内被视为侵权行为，业主投诉事件频发。国内也有多篇文献对汽车库消火栓合理布置方式进行了探讨研究，如唐致文的《居住区地下车库消火栓布置方式探讨》，杨俊槐的《汽车库消火栓布置探讨》。消火栓设置时应遵循以下原则：①优先布置于塔楼外墙区域，并尽量远离车位，同时根据需求最大限度保护塔楼以外的纯车库区域以减少车位区消火栓数量；②优先结合机房布置消火栓以减少车位区消火栓数量；③优先布置于车位间距较大的区域，使消火栓尽量远离车位，当不可避免设置在车位侧向时，车头往后1400～2900mm之间不应设置消火栓；④优先布置在车道区域以外，如车道内确需布置消火栓，消火栓不应突出任何土建构件。

住宅地下室大堂出入口是建筑和室内设计关注的重点区域，此处的安装效果直接影响住户的使用体验。在实际项目案例中，存在着大堂出入口归家动线上集水坑、消火栓和管线布置凌乱的现象，这些问题的出现往往与设计人员只注重本专业功能实现，缺乏整体设计意识有关。住宅地下室大堂出入口动线区域给水排水设计时，需要遵循以下一些基本原则：①所有管线、消火栓、集水井、配电箱均避让大堂及昭示区入口；②非归家动线区域使用的管线不得进入归家动线区域；③地上塔楼入户管道优先从侧面高位进入，如管道须进单体且不满足净高时，应穿梁敷设；④生活给水干管、消防干管应尽量与主干风管平行设置，干管应设置在车位上方且靠车位尾端布置，不宜沿主车行道方向平行设置；⑤管线交叉位置宜在车位上方，阀门不应设置在车道正上方。

2.5 典型住宅建筑给水排水设计案例

2.5.1 项目概况

项目位于广东省东莞市，建设总用地面积56778.95m²，总建筑面积393358.95m²。由7栋地上46～49层超高层商业住宅楼、1栋44层超高层商业安居房、1栋49层超高层住宅楼、2栋21～41层商业办公楼、5栋2～4层商业楼及3层地下室组成。其中1号商业办公楼建筑高度178.2m，11号商业办公楼建筑高度97.5m，2～10号为高度不超过150m的超高层住宅楼，11～16号为多层商业及配套。

2.5.2 给水排水系统

1. 给水系统

1）用水量

本工程生活用水包含住宅、商业、办公、绿化浇洒、地库冲洗用水。最高日生活用水量为2790.3m³/d，最高日最高时用水量298.4m³/h。

2）水源

水源为市政自来水。本工程从西侧市政路引入一根DN250的进水管，分别设置生活、商业和消防水表。生活给水管网和消防管网独立设置。

3）系统竖向分区

a. 本工程1号和11号办公楼单独设置生活供水泵房和设备，其余住宅楼共用一套生活供水泵房和设备。

b. 1 号办公楼给水系统竖向分 7 个区，其中地下室至 2 层由市政管网直接供水；3～21 层、30～41 层采用加压供水；22～29 层采用重力供水。3～8 层为加压供水 I 区，9～14 层为加压供水 II 区，15～21 层为加压供水 III 区，30～37 层为加压供水 IV 区，38～41 层为加压供水 V 区。

c. 11 号办公楼给水系统竖向分 4 个区，其中地下室至 2 层由市政管网直接供水；3 层及以上采用加压供水。3～8 层为加压供水 I 区，9～14 层为加压供水 II 区，15～21 层为加压供水 III 区。

d. 住宅建筑给水系统竖向分 6 个区，其中地下室至 1 层由市政管网直接供水；2～10 层为加压供水 I 区，11～20 层为加压供水 II 区，21～29 层为加压供水 III 区，30～39 层为加压供水 IV 区，40～49 层为加压供水 V 区。

e. 在每个供水分区压力超过 0.20MPa 的楼层设置支管减压阀，保证供水压力不超 0.20MPa。

4）供水方式及给水加压设备

1 号办公楼地下室至 2 层由市政管网直接供水；3～21 层加压 I、II、III 区由设置在地下室 2 层的变频供水设备供水，30～41 层加压 IV、V 区由设置在 34 层的变频供水设备供水；22～29 层由设置在 34 层避难层的生活水箱重力供水。11 号办公楼地下室至 2 层由市政管网直接供水；3 层及以上分别由地下室办公水泵房内的不锈钢生活水箱和变频调速给水设备加压供水。住宅地下室至 1 层由市政管网直接供水；2 层及以上由地下室生活水泵房内的不锈钢生活水箱和变频调速给水设备加压供水。

2. 热水系统

住宅户内生活热水由燃气热水器供应，燃气热水器自带机械循环装置，热水系统设置循环回水系统。

3. 排水系统

1）排水系统形式

a. 室外采用雨、污、废分流。室内生活排水污、废分流。

b. 住宅卫生间采用同层排水。商业和办公采用异层排水。

c. 地上生活污水采用重力排水。地下室卫生间污水由一体式污水提升设备加压排至室外污水管网。地上商业厨房含油废水经室外隔油池处理后排放至室外废水管网。地下室商业厨房含油废水经一体化隔油处理设备处理后排至室外废水管网。

d. 地下室的设备机房排水、电梯井排水及地面排水均设置集水井，所有集水井配置两台潜污泵和水位感应装置。为保证电梯的正常运行，在电梯井基坑旁设置有效容积不小于 2m³ 的集水井，井内设置两台排水量 10L/s 的潜污泵。潜污泵的控制，均采用高水位时开一台泵，报警水位时启动双泵，低水位自动停泵的方式。

e. 雨水排水采用重力流排水系统，屋面雨水排水系统设计重现期取 10 年，与溢流设施的总排水能力大于 50 年重现期的雨水量。汽车坡道雨水重现期按照 50 年设计。

2）通气管的设置方式

本工程住宅卫生间设置专用通气立管，每层与污水主管连接。厨房和阳台排水管设置伸顶通气立管。商业和办公公共卫生间设置环形通气管。地下室隔油提升设备设置专用通气管。

2.5.3 消防系统

1. 消火栓系统

1）消防系统用水量

室外消火栓用水量 40L/s，商业办公楼室内消火栓用水量 40L/s，火灾延续时间 3h；住宅楼室内消火栓用水量 20L/s，火灾延续时间 2h。

2）系统竖向分区

a. 本工程采用一路市政管网进水，地下室消防水池储存一次火灾室内外消防用水量。室外消火栓系统由地下 1 层室外消防水池、室外消火栓泵及稳压泵供水，室外消防管网沿建筑物形成环状，沿消防车道及扑救场地设置多个 DN100 室外消火栓。

b. 本工程室内消火栓系统采用临时高压系统，竖向分为 3 个区：低区（地下 3 层～住宅楼 16 层，1 号楼 11 层，11 号楼 12 层）；中区（住宅楼 17～33 层，1 号楼 12～23 层；11 号楼 13～21 层）；高区（住宅楼 34～49 层，1 号楼 24～41 层）。低区和中区消火栓用水由地下 2 层消防水池和地下 2 层消防泵房内的室内消火栓泵直接供给，低区消火栓主管道入口设减压阀组；高区消火栓用水由 1 号楼 24 层屋顶转输水箱、转输泵房内的高区室内消火栓泵和地下 2 层消防泵房消防转输泵供给。

2. 自动喷水灭火系统

1）自动喷淋灭火系统用水量

本工程包含商业、超高层住宅和办公，除不宜用水扑救的电气房间外，均设置自动喷水灭火系统。

地下车库按照中危险 II 级，设计喷水强度 8L/(min·m²)，作用面积为 160m²，持续喷水时间 1h；办公楼、裙房按照中危险 I 级，设计喷水强度 6L/(min·m²)，作用面积为 160m²，持续喷水时间 1h；住宅按照轻危险级，设计喷水强度 4L/(min·m²)，作用面积为 160m²，持续喷水时间 1h。

2）系统竖向分区

本工程自动喷水灭火系统采用临时高压系统，竖向分为 3 个区：低区（地下室～住宅楼 22 层，1 号楼 15 层，11 号楼 15 层、12～16 号楼）；中区（1 号楼 16～27 层，住宅 2～10 号楼 23～40 层、11 号楼 16～21 层）；高区（1 号楼 28～41 层，住宅 2～10 号楼 32～49 层）。竖向分区静水压不超过 1.2MPa，配水管道静水压力不超过 0.40MPa。中区喷淋管道上设置减压阀组。低区自动喷淋用水由地下 1 层消防水池和地下 2 层消防泵房内的自动喷淋泵直接供给；中区、高区自动喷淋用水由 1 号楼 24 层屋顶转输水箱、转输泵房内的中高区自动喷淋泵和地下 2 层消防泵房消防转输泵供给。

3）喷头选型

本工程超高层及地下商业区域均采用快速响应喷头。有吊顶区域采用下垂型喷头，无吊顶区域采用直立型喷头。所有区域均采用玻璃球型喷头。住宅户内采用 K80 下垂型和 K80 侧墙型喷头，动作温度 68℃。其余区域均采用 K80 喷头，动作温度 68℃。商业厨房采用 K80 喷头，动作温度 93℃。

4）报警阀设置

报警阀分区域集中设置在地下室、避难层、屋顶层报警阀间。

3. 气体灭火系统

地下室和 1 层的公共开关站、住宅配电房和充电桩预留变配电房设置预制 HFC-227 气体灭火系统。防护区灭火设计浓度为 9%，设计喷放时间不大于 10s，灭火浸渍时间 10min。

2.5.4　主要系统简图

主要系统示意见图 2-24、图 2-25。

2.5.5　工程特点介绍

1. 住宅分区无水箱并联供水

本项目住宅采用了分区无水箱并联供水的方式，此供水方式适用于 150m 左右的超高层住宅。此供水方式无须在避难层设置生活水箱，可避免设备振动和噪声对避难层上下层住户的影响。

2. 区域集中设置转输水箱

《消防给水及消火栓系统技术规范》GB 50974—2014 规定，系统工作压力大于 2.40MPa 的消防给水系统应进行分区。本项目初期根据业主提供的物业管理需求，确定后期采用统一管理模式，可以合用一套消防系统。整个项目统一设置一处消防转输水箱，位于 1 号办公楼避难层，避免在住宅楼避难层及屋顶设置稳压泵而导致频繁启停的振动和噪声影响。

3. 再生水处理系统

根据《东莞市水污染防治行动计划实施方案》，单体建筑面积超过 2 万 m² 的新建公共建筑应安装建筑再生水设施。本工程室内采用污废水分流，将 1 号楼的生活废水收集处理，作为项目绿化用水，有效节省了水资源。

4. 成品综合支吊架的应用

本工程地下车库管道支吊架采用成品综合支吊架，即将给水排水管道、空调风管、强弱电桥架综合布置，采用同一支吊架系统。相比传统的支吊架，综合支架可充分利用空间，有效控制净高，施工后管线整齐、美观、大方，也减少了钢材的用量，节约了成本。

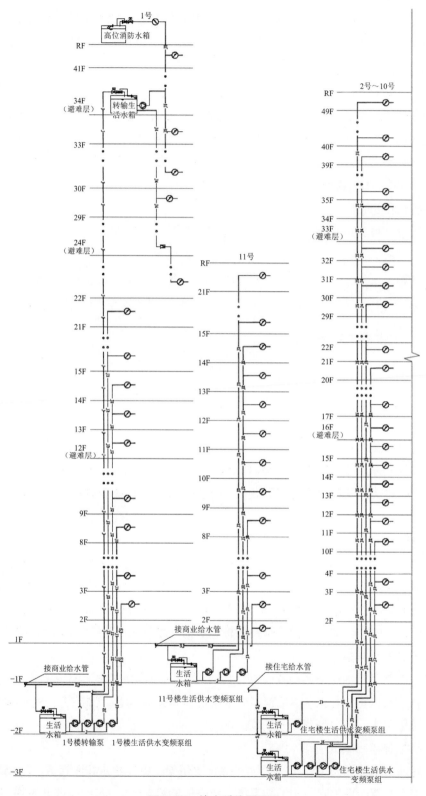

图 2-24 给水系统原理图

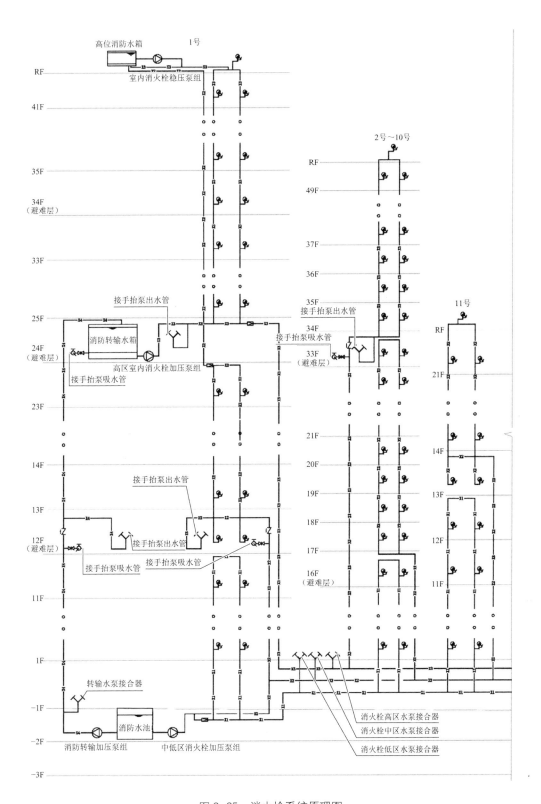

图 2-25 消火栓系统原理图

2.5.6 效果图

项目效果见图 2-26、图 2-27。

图 2-26　整体鸟瞰日景效果图

图 2-27　西侧市政路日景透视图

2.6　本章小结

本章为住宅建筑给水排水设计介绍部分。主要围绕住宅建筑给水排水设计的重难点问题、常见给水排水系统、工程实施过程中的常见问题及处理展开。首先，根据国家相关规范梳理了住宅建筑的分类；对住宅建筑给水排水设计的重难点问题，如供水系统确定、热水系统选择、排水方式选择和设计细节控制进行了阐述；列举了住宅建筑常用给水排水系统；对工程实施过程常见问题，如卫生间、厨房返水，装配式构件和铝模与现场管线不匹配，地库设计品质不佳的原因进行了分析，并给出了解决建议；介绍了东莞市某超高层住宅建筑的给水排水设计案例，该项目体量大、建筑高度 150m，具有一定的复杂性、代表性和借鉴意义。

第 3 章

商店建筑给水排水设计

3.1 商店建筑分类

商店建筑是指为商品直接进行买卖和提供服务供给的公共建筑。随着经济的发展、社会的进步以及现代化水平的提高，人们对生活品质的追求也在逐渐上升，商店建筑的形式也变得越来越复杂，规模越来越大。

根据不同的使用场景，针对不同的形式和体量，对商店建筑进行多维度的分类，才能更精准地定位不同类型商店的使用需求和设计要求。本节从如下几个方面对商店建筑进行分类。

3.1.1 按商店建筑的功能形式分类

1）购物中心：多种零售店铺、服务设施集中在一个建筑物内或一个区域内，向消费者提供综合性服务的商业集合体。

2）百货商场：在一个建筑内经营若干大类商品，实行统一管理、分区销售，满足顾客对时尚商品多样化选择需求的枢纽商店。

3）超级市场：采取自选销售方式，以售卖食品和日常生活用品为主，向顾客提供日常生活必需品为主要目的的零售商店。

4）菜市场：销售蔬菜、肉类、禽蛋、水产和副食品的场所或建筑。

5）步行商业街：供人们进行购物、饮食、娱乐、休闲等活动而设置的步行街道。

3.1.2 按单项建筑内商店部分总面积分类

按商店建筑的面积可分为小型、中型及大型商店，详见表3-1。

商店建筑规模分类 表 3-1

规模	小型商店	中型商店	大型商店
总建筑面积	< 5000m²	5000~20000m²	> 20000m²

3.1.3 按建筑高度及其与其他建筑的组合形式分类

民用建筑根据其建筑高度和层数，可分为单层、多层民用建筑和高层民用建筑。高层民用建筑根据其建筑高度、使用功能和楼层的建筑面积，可分为一类和二类。

建筑类别是后期进行消防设计的基准，商店建筑可根据建筑高度以及组合形式进行分类，详见表 3-2。

商店建筑类型分类 表 3-2

建筑高度（m）	建筑功能	建筑分类
$H \leqslant 24$	—	单/多层公共建筑
$24 < H \leqslant 50$	除下述特殊条件外	二类高层公共建筑
	$H > 24m$ 以上部分，任一楼层建筑面积大于 1000m² 的商店或其组合建筑	一类高层公共建筑
	商店总建筑面积大于 20000m² 或包含商业营业场的综合楼总建筑面积超过 15000m²	
$H > 50$	—	

3.2 商店建筑给水排水设计重难点问题分析

大型商业综合体是一种最为常见的商店建筑，相对于其他商店建筑，设计复杂程度较高，其给水排水的设计在商店建筑中具有很强的代表性。本节以大型商业综合体为例，对商店建筑给水排水设计的重难点问题进行分析。

3.2.1 商店建筑给水排水设计前期的重难点问题

1. 产权及管理的分割

常规商业综合体含主力店（如超市、影院、健身房、大型餐饮店），自持商业、销售商业。

主力店可分为出售、长租及短租三种方式。出售型由于出资方已取得完全的自主经营管理权，设计初期需征询购买方对机电设计的要求，一般包含独立泵房、独立管网的设计，以及其经营项目是否有特殊的水质需求。长租及短租型主力店，设计时应提前考虑该类型商户的普遍需求，前期是否需要预留独立的设备用房、提升处理设备及相应管线，以提高后期招商的吸引力并减少后期改造工程量。

自持商业是由甲方自营的商铺，由甲方统一管理，店铺经营者仅享有租用权，同时缴纳水电费。销售商业为独立产权，所有权归购买业主。小型商铺不管是自持还是销售通常由同一公司进行统一的协调管理，同一个物业管理可减少生活泵房及独立管网设置，减少投资和管理成本。同时设计时应充分考虑非必要公共管道不穿越独立商铺，减少后期纠纷。

产权分割情况是设计的重要条件，只有明确甲方意图，掌握项目内部的管理结构，才能经济合理地布置各设备用房。给水系统上明确各功能计量水表的设置，设备用房的排布；

排水系统上区分不同功能商户的排水及收集处理需求，分散布置污水及隔油提升间和处理设备；消防系统能满足在店铺合并或拆分的情况下最大限度地保证其系统的完整性和拆改的便利性。

2. 开发周期对设计方案的影响

许多大型综合体项目在开发进程上有很长的延续周期，同时第一期项目的销售或者经营情况也会极大地影响后期的开发节奏和方向。在项目初期方案中，是兼容项目后续的使用使其核心设备用房最大化利用，还是按基建进程逐期实施也是重要考量因素。

3. 整合项目需求

由于综合体的复杂性，在商业项目立项运营的初期通常需要商业管理公司、物业管理公司、机电咨询公司及其他产品深化公司的介入来共同推进项目建设。

商业管理公司在前期的方案设计阶段开始介入，从运营管理者、商家及顾客等多个角度，对设计方案提出优化建议，以满足商家入驻工程条件，避免对后期招商运营阶段的工程调改带来不必要的麻烦，同时也为消费者带来更好的体验。依据前期的商业运行规划、市场、产品及客户定位，对整体平面布局进行明确和优化；功能区位的划分、租赁面积大小的划分、主力商铺的引进、经营类型的明确、管理模式的确定是后期设计系统确定的基本要素。

机电咨询公司依托其大量项目经验，辅助设计方及甲方完成各系统多方案的比较，分析其合理性，对主要、重大技术问题进行系统的数据模拟。同时，展开节能方面更深入的研究，估算工程造价，将节能的效果量化，确定方案的投入产出比，进而协助甲方及设计单位确定最终方案。

设计人员在方案初期需要整合商业管理公司策划文件、对标甲方内部的标准文件，梳理项目中的关键节点，落实机电咨询公司的方案，同时在后期深化过程中对各专业深化公司的成果进行把控，校核其是否能达到所需的设计意图。

综上，设计方需整合好各方需求才能顺利完成整个项目系统的搭建。

4. 组合建造形式的影响

现代建筑中，综合体由于其功能丰富、利用率高而备受青睐，主要以裙房结合塔楼的形式呈现，商业一般设置在裙房内。裙房的建筑高度如不超过 24m，那么裙房部分的消防要求是按单、多层执行还是按高层执行，就需要一个界定标准。如果裙房与高层主体之间设置了防火墙，防火墙上的开口全部采用甲级防火门，裙房可按单多层的消防要求实施，未满足上述要求则按高层建筑的要求实施。

3.2.2　商店建筑给水设计重难点问题

1. 概述

给水系统设置的目的是向建筑区域内提供安全、卫生、经济合理的用水，满足用户对水量和水压的要求。相较于其他建筑类型，商业给水有其自身的特点：

1）对于商业综合体来说，商业业态的不确定性是其最显著的特点，相对于其他的建筑类型，在给水系统的设计上要求其系统能更加易于调整，在满足规范的前提下增强改建的可能，适应不同商业周期的变动；

2）由于综合体内功能十分繁杂，在设计初期，能更完备地考虑各种功能需求，减少不必要的漏项，需要设计人员进行更全面的思虑；

3）用水的可靠性及水质是其品质保证的基础，故需要在源头上确保用水保证度更高，同时作为经营类场所，后期运营的稳定性和经济性也同样重要；

4）大型综合体往往产权和管理单位分散，对整体的系统结构有巨大的影响，需要在方案阶段进行综合的考量。

2. 商业供水的可靠性与经济性

1）主力店供水系统独立性与经济性的博弈

设置在综合体中的商场作为独立的个体，所有的机电系统均独立服务于商场，不与高层系统合用；商场中的有特殊需求主力店，尽量为其提供相对独立的机电条件以便于物业管理的划分。

在实际工程操作中，按主力店供水独立性程度可根据表 3-3 分成 4 种方案。

供水系统类型 表 3-3

系统类型	系统特点
完全独立系统	系统形式：为主力店设计独立的供水系统，从泵房到管线全独立； 优点：从根本上完成主力店的全自主管理； 缺点：增加设备机房面积，增加造价
土建共用，设备独立	系统形式：与商业综合体共用泵房，水箱、水泵及管线独立； 优点：最大化利用现有空间，既能完成系统独立，又比全独立系统做了空间上的压缩； 缺点：给物业管理增加一定的难度
土建及基础设备共用水泵独立	系统形式：与商业综合体共用泵房、水箱；水泵及管线独立； 优点：进一步进行空间占比上的减量，主要设备由产权方确定，同时提高水箱的利用率； 缺点：给物业管理增加一定的难度
合用系统分开计量	系统形式：与商业综合体共用供水系统，在供水端利用独立水表的形式计量需求； 优点：节省造价，保留更多能盈利的建筑面积； 缺点：无法满足系统独立的需求

2）水源水质保障要求

应优先提供 2 个独立的市政给水水源，如果一路水源失效，另一路水源应能保证 100%的用水量，保证建筑物的给水不会受到影响。

市政供水水源可靠时，储水箱的储水量可按最高日用水量的 20%~25%考虑；市政供水水源不可靠、停水会对商业餐饮有较大影响时，储水箱的储水量按餐饮 1 天的用水量来考虑。

储水箱应分成 2 格设置，便于清洗时不影响使用；储水箱应采用达到食品级 SUS304 或 SUS316L 的不锈钢材质，满足防水质污染要求。

生活给水系统的水质，应符合现行国家标准《生活饮用水卫生标准》GB 5749 的要求，生活泵组吸水管应设紫外线消毒器。

3）市政供水区主力店给水方案

大型商场中的超市和餐饮对水量的需求特别大。在项目布局规划中，常规超市及餐饮设置楼层不高，市政水压和水量在平时能满足用水需求，但是在市政停水时就无法满足需求。

为节省造价及后期运维的成本，市政供水压力满足水压要求的楼层可直接由市政供水，但餐饮用水及超市用水（含生冷鲜区或熟食加工区等）的供水需考虑在市政停水时转换为备用水源供水的措施。根据规范要求，供水管严禁与自备水源连接，可采用人工手动的方式进行转换。在市政供水时，拆除备用水源连接配件；停水时关断市政供水端并拆除连接配件，同时手动安装备用水源侧连接软管并开启备用侧阀门，由给水泵房加压系统供水。管件安装及切换方式详见图 3-1。

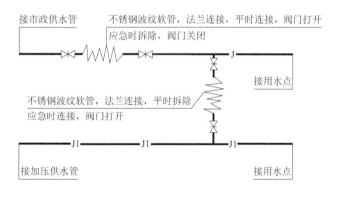

图 3-1　备用水源方案示意图

如该类型个体独立设置水箱仅为特殊情况备用，那么在供水相对稳定的片区可能会因为储水箱的水长期停留造成卫生问题。故推荐在设计中，需进行供水水源转换的场所从高区供水系统中引出分支独立计量，而不设置独立的水箱和给水泵组。

4）设备用房的考虑因素

给水泵房宜靠近用水大户或者用水集中区域。如用水均匀分布，生活泵房的位置尽量靠近中心设置。尚应根据实际情况，结合供水楼层最不利点的水量和水损，按照可供选择泵房位置，确定一个相对合理的地点；同时，在泵房的设计上留有余地，确保水箱容积的可调整性，实现更灵活的供水能力。

5）生活水泵的选型

商业生活用水秒流量较大，考虑水泵并联流量折减效能降低，泵组数量控制在3台以下；另外，由于商业用水不同时段的用水量变化较大，采用主泵+副泵的组合形式，副泵的流量一般为主泵流量的1/3，满足低谷时段用水。

通过泵组的合理配置，提升系统的经济性。

3. 商业系统用水量的计算

在商业用水的计算中，需明确用水需求点位、餐饮占比，同时由于经营时段的不同，还需确认某些特殊功能区的使用时长，在资料不足时，可按表3-4进行初步估算。

商业用水量标准参考 表3-4

用水项目		用水量面积标准	密度	用水量人数标准	日用水小时	小时变化系数	备注
		L/(d·m²)	m²/人	L/(d·人)	h	K_h	
商业（零售）		5~8			8~12	1.2~1.5	有效面积按建筑面积0.7计
超市		10~15			8~12	1.2~1.5	有效面积按建筑面积0.7计
电影院	电影院顾客	3~5	4人次/座	5	3	1.2~1.5	按设计固定座位数
	电影院员工		顾客人次1%	50	12		
书店	书店顾客	3~6			8~12	1.2~1.5	有效面积按建筑面积0.7计
	书店员工		50	30~50			
健身	健身房顾客		8	50	8~12	1.2~1.5	有效面积按建筑面积0.7计
	健身房员工		顾客人次20%	50			
SPA/美容	SPA/美容员工		8	200	8~12	1.2~1.5	有效面积按建筑面积0.7计
	SPA/美容顾客		顾客人次20%	50			
餐饮	重餐饮顾客		3人次/座	40	8~12	1.2~1.5	有效面积按建筑面积0.7计算，座位数按3m²/座计算
	重餐饮员工		座位数20%	50			
	美食广场顾客		4人次/座	20	12~16	1.2~1.5	有效面积按建筑面积0.7计算，座位数按1m²/座计算
	美食广场员工		座位数20%	50			
	咖啡厅		4人次/座	20	8~18	1.2~1.5	有效面积按建筑面积0.7计算，座位数按2m²/座计算
	咖啡厅员工		座位数20%	50			

注：用水量标准按现行国家标准《建筑给水排水设计标准》GB 50015执行，此表仅为甲方无法提供使用人数或无要求时参考估算。

4. 给水系统用水点的确定

在设计初期，尽可能完备地考虑各用水需求点位，项目考虑的缺漏会造成后期使用的不便。

表3-5至3-7所给出的给水配置点是根据相关经验积累和各方需求的整合，由于每个项目都有其特殊性，故在具体项目的实施中仍需要按该项目的需求进行补充和调整。

室外给水配置点

表 3-5

预留给水点	给水接口	其他要求
室外、屋顶绿化	根据景观顾问要求提供	如未取得景观深化文件，按 50m 绿化带/屋面长度预留一处快速取水接驳点
室外绿地浇洒	DN20	给水点应采取防冻措施
室外路面冲洗	DN20	给水点应采取防冻措施
中心广场、室外宽阔地带等有商业附加值增值运营潜力的区域	DN20	预留暗藏式给水排水点位堵头密封标示（根据商业规划预留）
空调冷却塔水盘	DN20	
商场幕墙与玻璃屋面冲洗用屋面	DN20	具体位置需要与幕墙顾问及物业单位沟通确定
屋面排油烟设备清洗	DN20	具体位置应与物业商定
卸货平台处应预留冲洗用	DN20	设置倒流防止器 冲洗点不影响货物装卸及人员通行

室内功能需求用水点

表 3-6

配水位置	给水接口	其他要求
垃圾房	DN25	应设置倒流防止器
茶水间	DN20	
公共卫生间	DN50	设置单独水表计量
污水处理间及隔油池间	DN20	应设置倒流防止器
制冷机房、冷却塔	暖通空调专业提需求	根据设计补水量计算
柴油发电机房、水泵房、热交换机房、发电机房、制冷机房、锅炉房	DN20	冲洗水点
空调机房	DN20	冲洗过滤网
冷热源主机房	暖通空调专业提需求	快速补水量按照系统初次充满水不大于10h进行计算
停车库冲洗点	DN20	设置点位与物业管理部门协调，每200m² 设置一个，龙头带锁具

独立商户用水点配置

表 3-7

配水位置		给水接口	其他要求
中餐厅		DN50	
快餐/咖啡/美食广场		DN50	
美容院		DN50	1）给水管道接到商铺内，预留截止阀； 2）所有商铺均独立计量，水表宜集中设置于水表间，如条件不允许，可设置在茶水间等区域； 3）商铺给水接口预留位置宜与电气配电箱对面墙布置； 4）大型超市或影院如经营方有独立管理的需求则按独立系统设计
化妆品零售区域		DN20	
超市区域		DN100	
冰场区域		DN100	
其他有用水需求的商户	租赁面积≤100m²	DN32	
	租赁面积≤400m²	DN40	
	租赁面积≤800m²	DN50	

注：其他供水要求，按项目商业管理公司策划文件执行。

5. 给水系统管道设置原则

1）商场区域给水竖向干管应设置于设备房或专用管道井内,专用管道井检修门需设于便于检修的后勤走道等位置,严禁设置在商业租户内。

2）区域给水竖向管道应分区设置,以便管理维护。每根竖向给水干管的水平服务半径不宜大于40m。

3）管井布设首先应明确建筑楼梯/电梯情况,合理设置于公共位置,确保管井在上下楼层尽量对齐,降低转换频次,同时避免穿越个体商铺。其次管井设置时需考虑到管线的敷设,出管井通道通常为设备管线集中区域,应注意复核各专业管线叠加在标高上是否能相互分层,以及多管并行对于走道净高的不良影响。

给水支管敷设,应保证无论商铺业态如何调整,供水都能到达相关使用区域。

6. 给水系统的分级计量及水表的设置

1）计量全覆盖

商场建筑不同管理分区,不同收费标准的区域,应设置独立的水表分别计量,并分级计量,逐级覆盖无盲点。

一级水表:从市政引入的生活给水总管及消防给水总管需分别设置计量水表。

二级水表:商业部分用水总表;由生活总管接入各设备用房水表,包括生活泵房、消防泵房、冷却水泵房、柴油发电机房、空调机房等;各后勤用水点,包括隔油池间、污水泵房及垃圾房等,以及人防给水引入管、地下室冲洗用水引入管;需系统独立的主力店,如超市、电影院等。

三级水表:由商业总用水表后或加压供水区引入有用水要求的租户,以及各层机房、卫生间等。

三级水表的架构保证整个综合体的每一处用水点都能做到计量的覆盖。

2）水表设置的注意事项

水表设置在各层相应的水管井或设备用房内,水表安装位置应便于人工抄表;对于设备机房内设置的水表,不得影响设备的安装检修。建筑室外明装的水表,应做好防冻或泄水措施;设置于绿化及道路的水表宜安装在室外水表井内;管段公称直径不大于$DN50$时,采用旋翼式水表,公称直径大于$DN50$时,采用螺翼式水表。旋翼式水表和垂直螺翼式水表应水平安装,水平旋翼式水表可根据实际情况水平、倾斜或垂直安装,当垂直安装时,水流方向必须自下而上。

3）水表的安装尺度及高度需求

安装于公共管井、茶水间、卫生间、拖布间等房间墙边位置的水表,安装高度宜为地面上1000mm,且不得影响卫生洁具的安装使用和人员通行。

安装于洗手盆下方的水表,安装高度宜为地面上350mm,并不得影响卫生洁具的安装。

分层叠放的水表,控制水表在高度上的叠加个数,分户水表的安装高度最高不宜超过

1400mm，最低不宜低于 250mm，竖向安装的水表，相邻管道中心净距不宜小于 200mm。

水表井内水表安装需考虑前后段宜有 300mm 的直线段，水表直线段长度不足，会造成水表计量不准。同时，由于设计压力的要求，部分楼层还需设置减压阀，应增加水表前的安装尺寸。

管道井的尺寸应考虑水表的安装需求，水井内水表安装见图 3-2。

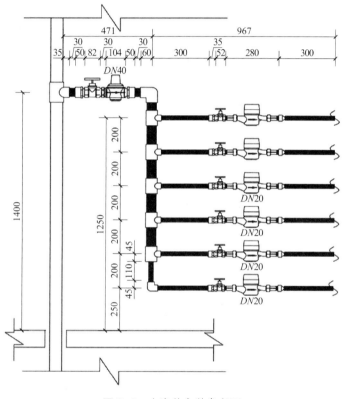

图 3-2　水表井安装参考图

3.2.3　商店建筑污废水设计重难点问题

1. 确定系统形式需要了解的问题

1）明确项目周边的市政排水形式，是否为雨污分流的排水体制。如市政为雨污合流排水体制，应充分了解当地主管部门对项目排水至市政管网的具体规定和要求。

2）与甲方明确或按商管公司的策划要求，不设置再生水回用系统的建筑，卫生间排水是否采用污废合流。

3）餐饮排水和机房排水是否分别独立设置，不与其他排水系统合并。

4）公共区域卫生间采用异层排水还是同层排水。

2. 排水设施的服务范围

商业区域排水立管应分区域设置，以便于维护管理及减少机电安装高度。每根竖向排水干管的水平服务半径不宜大于 40m。

3.需设置排水点的场所及相关要求

1）独立商户内的排水设置参见表 3-8。

独立商户排水点配置　　　　　　　　　　　　表 3-8

商铺面积（m²）	厨房			卫生间
	S ≤ 400	400 < S ≤ 800	S > 800	S > 400
排水设置	地漏 1 个	地漏 2 个	地漏 3 个	预留卫生间排水

餐饮租户应设置隔除油脂的油脂分离器；商铺预留废水排水均接入隔油设施，个别大体量商铺预留的卫生间排水接入附近管井的污水管。

同一个商铺内，地漏的距离必须 3m 以上，地漏应设在商铺后区，不应靠近走廊通道，远离电线、电缆布置区；对于暂时不用的店铺，地漏设计时排水接通，但在地漏上方设铁板封闭。

排水管管径应至少为DN150，所有商铺的地漏排水均应接入隔油设施，并经隔油设施处理合格后方可排入市政管道。如地下室为人防区域，则人防区上方的商铺在确定业态后可不设置排水点；人防区上方商铺如必须预留排水点，则商铺应做降板处理，将排水管引至非人防区域。

2）其他位置排水设置参见表 3-9。

其他场所排水点配置　　　　　　　　　　　　表 3-9

设置场所	排水方式	备注
卫生间地面	DN50 直通式排水地漏	带存水弯，化粪池处理后排放
垃圾房、厨房	DN150 直通式网框地漏	排至隔油器
空调机房、新房机房	DN100 直通式排水地漏	带存水弯，管线需保温
锅炉房、热交换机房	排水沟收集至降温池	当水温降至 40℃以下方可排至室外排水管网
配电房、电缆沟	DN100 防反溢地漏	
后勤走道	DN75 密闭地漏	后勤走道靠近给排水管井处
管道井、水表间	DN75 直通式地漏	
露台外廊	DN75/DN100 直通式地漏	
超市	DN150 直通式网框地漏	隔油池处理后排放 当无法提供具体数据时， 至少设置两处且位于不同侧
报警阀室	排水沟 + 排水地漏	
地下室生活泵房、消防泵房、制冷机房	排水沟 + 集水井	提升至室外雨水井
地下室隔油间	排水沟 + 集水井	提升至室外污水井
污水间	地漏或排水沟，最底层设置集水井	当一体化提升设备设置于泵坑中时，需做 500mm × 500mm × 500mm 的集水坑
自喷末端试水	间接排放至排水漏斗	

续表

设置场所	排水方式	备注
倒流防止器	地漏间接排放	
地下车库	集水坑 + 潜污泵	
门斗擦鞋垫	DN75 防臭排水地漏	
地下层装货台及停车场	排水沟或地漏	卸货平台排水沟设置在平台下方
直梯、室外及半室外扶梯底坑	DN100 地漏	就近排至下层排水沟或集水坑
电梯及消防电梯	DN150 排水管接入集水井	集水井的容积不小于 $2m^3$，排水泵的排水量不应小于 10L/s

注：1. 地下室废水集水坑采用固定耦合安装。潜水泵启停由集水坑水位自动控制。潜污泵运行状态、故障报警及超高液位报警需接入 BA 系统，远程监控。消防电梯集水坑压力排水单独排出，其他集水坑排水管并联根数不宜超过 3 根。
　　2. 垃圾房及卸货区排水采用带外置铰刀或大通道的排污泵。
　　3. 商场餐饮厨房降板区域内（如有）、电气用房上部的隔水夹层内，需要设计二次排水地漏，并需要考虑该地漏的防堵措施。
　　4. 防臭地漏及存水弯的水封高度不小于 50mm。
　　5. 下沉广场向外独立开门的租户，宜考虑好是否需要预留独立卫生间排水条件，当此类租户处于最底层时，排水路径需设计降板。

3）餐饮含油废水排水应注意的重点

商业设计重餐饮，尤其中餐含油量大、杂质多、局部废水温度高，管道容易堵塞，含油废水的隔油处理也是商业排水中的关键点。

针对餐饮废水的特点，从源头到排出口采取如下措施应对：

首先，选用特殊的排水地漏——带提篮的网框地漏。网框地漏中设一个提篮，能够收集杂质方便及时清理，避免杂质在网框中聚集造成地漏和排水管道的堵塞。由于商业普遍存在土建主体施工与二次装修施工不同步的问题，因此在土建交付阶段就需要考虑地漏的预留，避免楼板二次开孔。

其次，餐饮废水容易有油污附着管壁，因此在设计中，排水管道一般放大一档，实际工程中，餐饮废水采用 DN150 的管道。

再次，商业餐饮需采用二级隔油。一级隔油器设置于厨房内，由厨房租户自行安装，再经过整个工程的二次隔油后排至市政污水管网。二级隔油可采用室外隔油池的形式，也可采用室内隔油器的形式。

随着商业体量的不断扩大，采用传统的室外埋地式隔油池，对室外空间需求大，且需要定期清掏影响周边环境及购物体验，已经无法满足其商业布置的需求。近几年来，较多采用的是在地下室布置多处隔油间，采用成品的气浮式隔油器，能自动除油、除渣，自动化程度高，废水经一体化隔油提升设备处理后排入室外污废水管网。

一般在项目功能布置上，地下 2 层、3 层为汽车库，商业价值低，对环境影响小，运输方便，比较适合设置隔油设备间。与重力排水方式不同，提升排水时产生运行费用，但此费用与商业价值、室内环境的提升相比，是可以接受的。

商场餐饮厨房排水管设置专用通气立管，隔油器应设通气管。隔油间内设置冲洗龙头，并设置机械通风系统。屋面厨房油烟净化设备清洗的排水应接入含油废水系统，经隔油池或隔油器处理后再排放。

4）卫生间排水应注意的重点

地漏采用直通式地漏，配置存水弯，并设置通气管；连接卫生器具多的排水横管应按照规范设置环形通气管。

卫生间地漏宜采取防干枯的补水措施，可采用从洗手盆排水管接支管至卫生间地漏支管补水措施。卫生间污水管尽量异层敷设，不得不采用同层敷设的卫生间排水尽量后排设置，并需根据规范要求设置检修口。

排水横干管应按规定设置清扫口，当存在死角、易引起管道堵塞的转角等位置时，宜适当增设清扫口。当悬吊横管设置清扫口有困难时，可用检查口替代清扫口。

5）管线布设中需要注意的重点

每组管井内应预留污水、废水、通气、餐饮废水立管。

商业区域排水水平管道宜设置于后勤走道内。

有结露可能的排水管道应采取防结露保温措施，应特别留意接机房冷凝水排水地漏管以及商场租户内、仓库内及精装的门厅、走道上方的排水管道。

电影放映厅等对静音要求较高、层高较大、后期不便检修的区域，不得敷设给水排水管道。

6）项目设置室外化粪池需要注意的重点

化粪池污泥清掏周期是由污泥腐化周期决定的，而污泥腐化周期又与环境平均纬度有关。因此在不同气候条件的地区，在化粪池容积计算上，既要考虑经济性又要确保污水的处理效果，采用不同的清掏周期。故应结合项目的地理条件，选择合适的清掏周期，同时，还需权衡当地的物业管理能力，可参见表3-10选取。

不同气候区清掏周期的选取 表3-10

气候区	严寒地区	寒冷地区	夏热冬冷区	夏热冬暖区	温和地区
清掏周期	12个月	6个月	3~6个月	3个月	3个月

3.2.4 商店建筑雨水设计重难点问题

1. 系统的选择

虹吸雨水系统是雨水排放系统的一种方式，它的特点是：

1）排水能力比传统雨水系统大大提高。传统的重力雨水斗 $DN100$ 的规格流量为7.4L/s，而 $DN110$ 的虹吸雨水斗额定排量可以达到45L/s，极大提高了屋面排水的能效，减少雨水斗的布点。

2）天沟及悬吊管均无须任何坡度，施工方便。同时，在建筑设计上由于不需要天沟坡度，在屋面设计上更加灵活；悬吊管的无坡设计，更是极大地提升了空间净高。

3）虹吸系统单系统所带雨水斗的数量大，极大地减少了立管的数量，平面空间的利用得到了更大的释放。

故在屋面面积巨大且造型复杂的商业综合体设计中，为使雨水排水系统设计更加灵活、空间利用率更高，雨水系统推荐采用虹吸排水的方式。

2. 虹吸雨水系统设计中的重点

1）虹吸雨水斗布置在天沟内，天沟要求连通、水平、无坡度，相邻雨水斗间距不宜超过 20m，且应保证被结构梁隔断的雨水沟每段均有雨水斗。

2）连接在同一悬吊管上的虹吸雨水斗斗体安装在同一水平面上，确保虹吸雨水斗在同一水位进水，使系统不进气，不同高度的屋面、不同结构形式的屋面汇集的雨水，宜采用独立的系统单独排出。水平悬吊系统要求具有足够的强度以支持管道和流体的重量，及在高速水流和管道因温差而产生变形应力的冲击下有良好的防晃、抗振及吸收应力等功能。

3）当虹吸雨水系统过渡段下游水的流速大于 2.5m/s 时，应采取消能措施，设置钢筋混凝土井，并宜有排气措施。

4）对汇水面积大于 5000m² 的大型屋面，应设置不少于 2 套独立的虹吸雨水排水系统。

3.2.5　商店建筑消防系统设计的重难点问题

1. 商业消防系统的选择

商业综合体作为一个建筑功能复杂、人员密度较大的空间，发生突发情况时疏散难度大，因此运行过程中消防安全问题十分关键。商店建筑内可燃物多、安全隐患大，一旦没有良好的消防给水系统设置，会给整个综合体带来不可估量的经济乃至生命安全的损失。

商业消防系统按不同部位的要求一般涉及消火栓系统、自动喷水灭火系统、自动跟踪定位射流灭火系统、气体灭火系统、移动式灭火器和厨房安素灭火系统。

消防系统的核心组成——消防水池和泵组体量巨大，同时还需要不间断程序化的后期维护和保养。前期建设费用高昂、后期维护成本持续输出，另外作为一个应急系统，在日常经营中维护成本高于使用成本。综上，意味着虽然商业内部的权属复杂，但是在消防系统的设计上，考虑综合效益仍采用将商业综合体作为一个整体来设计。

2. 综合楼裙房商业设计参数的选取

1）消防用水量的设计依据

含有商业功能的一类、二类高层综合楼，如果整栋楼为整体的消防系统，商店消防的参数按商店部分和综合楼部分的大值计取；如果商业部分独立，则根据商业部分的建筑面积计取。

2）高位水箱容积的确定

针对不同情况，高位消防水箱的容积可参照表 3-11 选用。

一类、二类高层综合楼高位水箱最小有效容积及消火栓最小静压 表 3-11

建筑分类	商业部分总建筑面积（m²）	整体的消防系统的高位水箱最小有效容积（m³）	商业独立的消防系统的高位水箱最小有效容积（m³）	最不利灭火设施最小静压（MPa）
一类高层公共建筑（$H < 100m$）	≤ 10000	36	18	0.1
	> 10000 且 ≤ 30000	36	36	
	> 30000	50	50	
二类高层公共建筑	≤ 10000	18	18	0.7
	> 10000 且 ≤ 30000	36	36	
	> 30000	50	50	

3. 消防泵房设计重点问题

1）关于消防泵房地面标高与室外地坪的高差不得大于 10m 的强制性条文，在个别项目中，消防泵房所在地下层与室外地面高差大于 10m，为了满足规范 10m 高差的要求，设计人员将消防泵房地面抬高以满足规范的室内外高差要求。产生了消防泵房地面与室外地坪高差不大于 10m，但泵房至疏散楼梯的通道与室外地坪高差大于 10m 的不合理现象。

此条规定的目的是火灾时便于消防人员及时到达，如果在中途需要通过上下台阶来通行，是违背规范条文初衷的。故在设计中需要同时保证从泵房疏散门通过疏散通道进入疏散楼梯的中途均保持不大于 10m 高差的要求。

2）为提高消防泵房的经济性，可以将泵房的室内地坪高度设定为低于消防水池的池底高度，利用水池底与水泵位置的高度差达到水泵的自灌式吸水，减少了无效水深，从而减少水池位置的挖深以及结构荷载。水池底与泵房地面的关系见图 3-3。

3）消防泵房排水泵设计流量应按消防水池进水管的进水流量设计。消防泵房的排水量，除检修时管道放水及水池清洗泄空外，还需考虑进水管由于浮球阀失灵而造成的溢流水，故需要按水池进水管的流量考虑泵房排水流量。

4）泵房控制室设置。泵房控制室紧贴消防水池，由于消防水池水温与池体外的室内气温不一致，两者存在温差，导致室内墙壁结露，应尽量避免贴邻建造，如由于建筑条件限制无法避免，应设置双墙。

5）消防水泵参数取值。在综合体内部的消防系统中，最大流量需求的区域和最大压力需求的位置可能并不是在同一个区域，有些区域需要的流量小压力大，而有些区域需要的流量大而压力小。

故消防水泵的设计取值不能仅按照最大流量Q和最大扬程H去设定，需要考量水泵的性能曲线在流量压力截然不同的两种区域的消防工况下是否满足要求。

4.商业特殊部位的消防要求

1）商业中庭消防的特点

商业的中庭是集中的公众活动空间，是服务功能的枢纽和人群集散地，是构建商店建筑骨架的核心部分。为打造商业氛围，提升购物环境，一般商业中庭采用高大净空及玻璃屋顶的建筑形式，其高度和屋面形式决定原以喷头为基础的自喷模式无法满足商业中庭的消防需求。

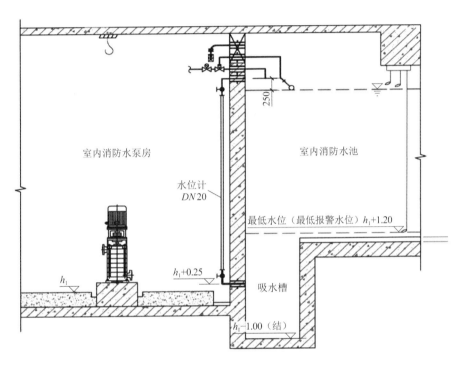

图 3-3　消防泵房优化示意图

2）系统的选择（表 3-12）

自动跟踪定位射流灭火系统的适用范围　　　　表 3-12

类别	灭火装置流量（L）	适用范围	
		轻危险级场所	中危险级场所
喷射型自动射流灭火系统	5L/s ≤ L ≤ 16L/s	√	√
自动消防炮灭火系统	L > 16L/s		√

自动跟踪射流定位系统适用于净高大于 12m 的高大空间，或净高大于 8m 且不大于 12m、难设自喷的场所。但是不适用于经常明火作业、用水保护、存在明显遮挡的场所。

自动消防炮灭火系统应独立设置，喷射型自动射流灭火系统宜独立设置。同时自动消防炮应具有直流/喷雾的转换功能。

3）系统设置应该注意的问题

自动跟踪射流定位系统，应考虑扶梯等的遮挡，避免空白区域，其探测装置应明装，不应被吊顶、梁及挡烟垂壁等障碍物遮挡。应在系统管网最不利点处设置模拟末端试水装置，此装置应设于附近的给水排水管井或卫生间的保洁用房，不可设置于租户内。水流指示器根据规范要求按照不同防火分区、不同层分别设置。水流指示器应尽量设置于可检修的管道井内，如条件不允许，应设置在后勤走道区域。

4）管路设计应注意的问题

应布置成环状管网（环状管网的管径应按对应的设计流量确定）。环状供水管网上应设置具有信号反馈的检修阀，确保在管路检修时，受影响的供水支管 ≤ 5 根。自动控制阀前应采用湿式，可能发生冰冻的场所应防冻，自动阀后的干式管路长度不宜大于30m。

5. 商业室内消火栓系统设计中需要注意的问题

1）管线系统的构架

大型商业综合体由于建筑内部较为复杂，存在造型多变的公共空间，要想统一分隔墙体位置非常困难，这给消防设施的建设造成了一定的限制；而且，综合体投入使用后，各商户开始进驻，室内格局也可能会发生改变，如果使用立管连接末端支管的模式来进行设计，会给后期的改造工作造成很大的困难。

采取在楼层中安装消防环形管道的方式，然后利用各层环管连接分支管道，这种措施虽然会增加工程的投资费用，但是会使后期的改造工程更加便捷。然而这种方式也有环管上相邻阀门关闭导致大面积区域消火栓都被关闭的风险，因此在设计中应注意交错布置消火栓。

2）室内消火栓设置中的细节问题

商场内精装修区域宜采用落地式带灭火器的消火栓，商场内消火栓均需设置消防卷盘，严寒及寒冷地区靠近车库入口等有冻结危险之处的消火栓及管道应设置电伴热及保温。商场精装修区域内的消火栓需要与内装设计协调配合，以在满足规范要求前提下，保证美观要求。

消火栓应尽量设置于公共区域及后勤通道内明显便于取用的地方。租户商铺内不得安装供公共区域使用的消火栓。对于大型的独立商铺，铺内如按规范要求必须设置消火栓以满足保护间距的要求，消火栓宜尽量设于铺内柱子上，不宜设置于间隔墙上。系统管路上的阀门应设置于便于检修及方便设置检修口的位置，不宜设于租户内。

地下停车场消火栓布置在柱上时，为避免影响停车，宜布置在垂直于停车方向的柱面上。

消火栓门的开启角度不应小于120°。

6. 商业室外消火栓系统设计中需要注意的问题

在室外消火栓的布设中，不能仅考虑消火栓的保护半径，还需要考虑水泵接合器与室外消火栓的间距。

根据水泵接合器的设置，保证每一处水泵接合器 15～40m 范围内至少有 1 个室外消火栓，同时保证人防工程、地下工程出入口一侧有可用的室外消火栓。建筑应在出入口附近设置室外消火栓，且距出入口的距离不宜小于 5m，并不宜大于 40m，建筑消防扑救面一侧的室外消火栓数量不宜少于 2 个，寒冷及严寒地区宜采用地下式室外消火栓，其他地区采用地上式消火栓。

7. 商业自喷系统设计需要注意的问题

1）喷淋系统危险等级的确定

对商业综合体喷淋影响较大的是超级市场形式。根据《自动喷水灭火系统设计规范》GB 50084—2017 附录 A 设置场所火灾危险等级举例：净空不超过 8m、物品高度不超过 3.5m 的自选超市按中危险Ⅱ级设计，物品高度超过 3.5m 时按严重危险级Ⅰ级设计。但是，超市内一般有一定面积的仓库用来储存货物，按售卖类型，仓库内储存的一般为纸木、谷物制品、棉毛丝麻、家用电器及各种塑料制品，同时超市的收货区也经常会暂存各种货物，功能使用上与仓库类似。建议喷淋系统布置在超市部位按仓库危险级设计。

仓库危险级系统流量大，火灾延续时间 1.5h，消防水池容量会比中危险Ⅱ级大很多。若前期一次建设阶段对喷淋危险等级计算过低，后期为满足超市仓库的消防需求，消防水池、喷淋管径等改动非常大，造成工程的返工，对造价影响也非常大。

2）系统各部位喷头的选择

选择喷头需要全面考虑喷头的安装高度、环境温度、特殊场所等若干因素，商店建筑常用喷头见表3-13。

商业综合体常用喷头型号说明　　　　表 3-13

喷头位置		喷头型号	公称动作温度（℃）	备注（溅水盘与顶板距离）
地库	地下车库	ZSTZ-15	68	75～150mm
	超市	ZSTX-15	68	随吊顶高度
	超市库房区	ZSTZ-20	68	75～150mm
	设备机房	ZSTZ-15	68	75～150mm
商业、配套用房	中庭回廊吊顶	ZSTX-15	68	随吊顶高度
	吊顶	ZSTX-15	68	吊顶高度
	无吊顶	ZSTZ-15	68	75～150mm
	厨房操作间	ZST-15	93	随吊顶高度
	扶梯下方	ZST-15	68	75～150mm
	对外橱窗	ZST-15	93	随吊顶高度
	8m < h ≤ 12m 高大净空	ZSTX-20	68	随吊顶高度

不宜选用隐蔽式喷头，确需采用时，应仅适用于轻危险级和中危险级Ⅰ级场所，公共娱乐场所、中庭环廊、地下商业场所宜采用快速响应洒水喷头。

特别需要注意，超市仓库区由于堆货很高，有时候货物会碰撞风管下的喷头，导致喷头破损漏水，不但对系统有一定的破坏，还可能造成下方货品的损失。因此，仓库区域风管下的喷头采用加保护罩的形式防止撞损。同时，仓库喷头需选用K为115的快速响应喷头。

汽车库的车道、坡道上方均应设置喷头；最底层自动扶梯底部应设置喷头。

3）系统选择中需要注意的问题

柴油发电机房、锅炉房应设置自动喷水灭火系统。

地下车库若环境温度低于4℃时，应采用预作用灭火系统；局部温度低于4℃时，可采用电伴热保温；靠近玻璃幕墙、玻璃顶棚、展示橱窗内温度低于4℃时，可采用电伴热保温。

影院内应设置自动喷淋系统，如果电影院兼作剧场，则需在舞台的葡萄架下部设置雨淋灭火系统。

当特级防火卷帘的背火面温升耐火极限小于3.0h时，防火卷帘两侧应设置自动喷水灭火系统保护，系统喷水延续时间不应小于3.0h。

4）商店布局及装修形式对喷头设置的影响

从项目经验来看，在商业综合体顶部装修中有不吊顶，格栅吊顶及实体吊顶几种形式，而顶部装修的形式不单从系统末端布置，甚至在设计初期就对项目的基础设计值的确定产生影响。

a. 商场等公共建筑，由于室内装修的需要，往往装设网格状、条栅状等不挡烟的通透性吊顶，此类吊顶会严重妨碍喷头的洒水分布性能和动作性能，进而影响系统的控灭火性能。设计网格吊顶的场所喷水强度需按照湿式系统喷水强度的1.3倍取值，在设计中常常会忽略该要求而造成后期使用喷水强度达不到要求。

b. 由于商铺的吊顶形式会对店铺内部的喷淋管道设置有较大的影响，为了能够确保后期装修变动不对整体系统造成过大的影响，采用主干管设置在后勤通道的做法，每个商铺从主干管上引出一个分支，保证任何一个商铺在装修的过程中能从内部暂时关断而不对其他的部位产生影响。

c. 对喷头安装位置的影响。装设通透性吊顶的场所，当通透面积占吊顶总面积的比例达到70%，喷头需要设置在吊顶上方，同时要求吊顶开口部位的净宽度不小于10mm，且开口部分的厚度不应大于开口的最小宽度。在设置格栅吊顶的情况下，需同相关专业详尽沟通吊顶的设置情况，确保自喷喷头安装后满足规范要求。

8. 气体灭火系统的选择

应根据现场情况和当地消防部门的要求确定气体灭火系统的设计范围和形式。常用气体灭火系统的特点见表 3-14。

常用气体灭火系统的特点　　　　　　　　　　　　表 3-14

系统	灭火机理	优点	缺点
有管网七氟丙烷	化学抑制	灭火速度快，灭火浓度低，钢瓶间占用面积小	输送距离较小（一般不超过 60m），输送高度低，喷放后会产生微量的氢氟酸
无管网七氟丙烷	化学抑制	灭火速度快，灭火浓度低，占用面积小，安装便捷	喷放后会产生微量的氢氟酸；受保护区域限制，仅适用于面积不大于 500m²，且容积不大于 1600m³ 的保护区
IG541	窒息	输送距离远，输送高度低，对人体及设备毫无伤害	灭火速度慢，灭火浓度低，钢瓶间占用面积大

注：如现场条件许可，优先使用洁净气体灭火系统。如钢瓶离保护对象较远，建议采用 IG541 气体灭火系统或者外贮压式七氟丙烷气体灭火系统。

9. 消火栓配置

典型位置消火栓配置见表 3-15。

典型位置消火栓配置　　　　　　　　　　　　表 3-15

部位	类别	箱体尺寸（高×宽×厚，mm×mm×mm）	备注
地下室、设备房后勤通道	甲型单栓带卷盘	1000×700×240	减压型消火栓
商业及物业用房	乙型单栓带卷盘、灭火器	1800×700×240	减压、带灭火器组合柜体
影院等特殊要求部位	薄型单栓带卷盘、灭火器	1800×700×180	需消防部门允许
屋顶	试验消火栓	800×650×240	带压力表

注：1. 消火栓口 DN65、消防水带 DN65，长度 25m，直流水枪喷嘴直径 19mm；
　　2. 消防软管卷盘栓口直径 DN25，软管内径 19mm，长度 30m，水枪当量喷嘴直径 6mm；
　　3. 箱内设报警按钮一个。

3.3　商店建筑常用给水排水系统

3.3.1　商店建筑常用给水系统

1）直接给水方式：当室外给水管网提供的水压、水量、水质都能满足建筑供水要求时，可直接将室外管网的水引向建筑物内各用水点。

2）单设水箱的给水方式：当市政管网提供的水压在大部分时间内能满足要求，仅在用水高峰时出现水压不足，以及建筑内要求稳定的情况，可以采用设置高位水箱的给水方式。市政给水管直接向高位水箱补水，由高位水箱重力供水，达到调节水压、水量的作用。该给水方式节约电量，但是受建筑高度限制，以及易造成水质二度污染等问题，局限性较大。

3）水箱、水泵联合供水方式：当室外给水管网水压经常性不足，室外管网允许直接抽水时，水泵自室外管网直接抽水加压，利用高位水箱稳压和调节流量，室外管网水压高时也可直接供水，该给水方式由于利用室外管网的压力，水泵扬程可以减少，在一定程度上节省用水量，但是水泵直接从室外管网抽水，容易造成外网下游用户水压显著下降，影响市政管网的供水安全，因此其局限性也较大。

4）水池、水箱、水泵供水方式：当室外水压经常性不足，且不允许直接抽水，或不能保证高峰用水，而建筑物用水量较大时采用该给水方式，该方式由于没有前两种的局限性，使用广泛，但运行费用较高。

5）设有变频水泵的给水方式：变频水泵可以根据建筑物的水量、水压要求变化调节水泵的频率，该给水方式虽然设备费用较高，但在用水量变化较大的建筑中，运行费用有很大程度的下降，且在一定程度上能防止水质的二次污染，使用范围越来越广。

3.3.2 商店建筑常用消防给水系统

1. 高压消防给水系统

高压消防给水系统始终能满足水灭火系统所需要的工作压力和流量，火灾发生时无须开启消防水泵。该系统可向任何水灭火系统供水。

2. 临时高压消防给水系统

临时高压消防给水系统平时不能满足水灭火系统所需要的工作压力和流量，火灾发生时需启动消防泵。

3. 低压消防给水系统

低压消防给水系统能满足车载或手抬移动消防泵等取水所需要的工作压力和流量，管网内的压力较低，当火灾发生后，消防救援人员打开最近的室外消火栓，将消防车与室外消火栓连接，从室外管网内吸水加入消防车内，然后利用消防车直接加压灭火，或者由消防车通过水泵接合器向室内管网内加压供水。

3.3.3 商店建筑常用喷淋系统

1）湿式喷水灭火系统：由闭式喷头、湿式报警阀组、管道系统组成。当保护对象着火后，喷头周围温度升高超过闭式喷头温度时，喷头的感温玻璃泡爆破，喷头打开喷水灭火，具有迅速灭火和控制火势的特点，缺点是该系统不能在 4℃以下的环境下使用。

2）干式喷头灭火系统：由闭式喷头、干式报警阀组、管道系统组成，其管道系统、喷头布置与湿式系统完全相同，不同之处在干式报警阀前充水而阀后管道充以一定压力的压缩空气，阀前后压力保持平衡。当火灾发生时，喷头开启，管道内压缩空气排出，使报警阀后压力迅速下降，在水压的作用下报警阀开启并向阀后管道供水，经过一定时间，喷头喷水灭火。由于以上特点，干式系统可适用于环境温度低于 4℃的地区，但是由于需要排气充水，反应比湿式系统迟缓。

3）预作用喷水灭火系统：由闭式喷头、管道系统、预作用阀组和火灾探测器组成。预作用阀组后面管道平时充满气体，火灾初期，在火灾探测器系统（烟感或温感）的控制下，预作用阀开启，向阀后管道充水，随着着火点温度升高，喷头开启喷水灭火，该系统兼具干湿式系统的优点，缺点是需要增加一套火灾探测器系统，造价较高，且在一定程度上依赖于火灾探测器系统的性能是否稳定，另外由于系统使用后要排干管内存水，对管道安装的要求较高。

4）雨淋系统：由开式喷头、管道系统、雨淋阀和火灾探测器组成。该系统与预作用系统类似，不同之处在于采用开式喷头，阀后管道一旦充水，开式喷头立即喷水灭火，能有效扑灭初起火源，适用于火灾危险性高且火势蔓延迅速的场所，但对火灾探测器的准确性要求较高，一旦发生误报会造成不同程度的损失。

5）水幕系统：由水幕喷头、管道系统和报警阀组成，作用原理和干式或湿式系统类似。但水幕喷头比普通闭式喷头喷水强度高，覆盖面积大，主要作用是隔断火灾侵袭，防止火势向其他区域蔓延。

3.4　工程实施过程中常见问题及处理

3.4.1　与其他专业未有效沟通产生的问题

问题一：管井有效使用空间不足

由于图纸未表达结构的梁板位置，导致主次梁从管井穿过，造成实际有效利用面积的减小。在施工过程中发现管井内部空间无法达到预期的使用目的，造成管道安装极其困难。

处理方案：应结合结构专业的梁板图纸，表达出实际管井的大样，再与建筑专业协商管井尺寸，保证管道的合理安装和使用。

问题二：管道穿越人防门位置在门扇开启范围内安装高度过低，造成人防门无法完全开启。

处理方案：管线穿过不同人防区时，在人防门门轴两侧门扇开启范围内避免管线的穿越。

问题三：采用自带水封蹲式大便器结构未降板。

自带水封蹲式大便器卫生无臭味，可减少异味的散发，应用越来越普遍，但在设计时未准确计算器具的安装高度，导致厕位高出卫生间地面 2 个踏步，上下厕位使用很不方便。

处理方案：自带水封蹲式大便器本体结构高度通常为 320mm，若厕位高出卫生间地面1 个踏步，则卫生间结构楼板需降板 200mm；若厕位不设踏步与卫生间地面平行，则卫生间结构板需降板 300mm。此条需结合后期精装需求及业主方的偏好，故需在设计前期加以明确。

问题四：排水管出户标高与地梁冲突，首层排水管需要结构降板的部分未及时与相关专业协调，造成排水管出户标高与地梁标高打架而未做预留，给后期施工造成不便。

处理方案：设计时复核地梁位置及标高，再合理确定排水管位置和排水出户管标高，与各专业沟通，确定需要降板的区域。计算降板所需的高度时，除按设计所需的坡度计算管线下降高度外，还需考虑各卫生器具所需要的安装高度，计算并标注各个套管的高度。

问题五：综合体室外开阔空间设置的扶梯基坑遗漏排水。

处理方案：能重力自流排出时，基坑底部排水地漏直接排室外雨水井或雨水沟。

在首层的扶梯，基坑深度较深，若从地下室悬吊管出户会造成管线高度影响相关位置地下室净高，可直接排至地下室集水井，同时复核该集水井接纳室外雨水后容积是否满足需求。

问题六：屋顶溢流管或溢流洞底标高高于屋顶楼梯间出入口门槛或屋顶机房门槛等高度，造成屋面雨水倒灌。

处理方案：与建筑、结构等专业复核，核算屋面雨水工程及溢流工程总排水能力，合理确定溢流口数量及高度，避免溢流设施高于屋面楼梯间出口门槛、机房门槛及排风口等位置。

问题七：屋顶花园或室外地面下的地下室顶板设计有反梁，反梁限制了覆土内渗水的顺利排出，导致区域排水不畅。

处理方案：与结构专业沟通，在反梁接近结构底板位置设置过水管，保证排水通畅。

3.4.2　对配件不熟悉产生的问题

问题一：采用比例式减压阀，未考虑减压阀自身的压力损失，未核算屋顶水箱高度经减压后是否满足火灾初期最不利点水压要求而导致设计值偏低。

处理方案：复核多种工况的压力值，同时减压阀自身的水头损失按 10%～20% 考虑。

问题二：消防给水系统减压阀组未设置压力试验排水管。

减压阀组是消防系统较为重要的组件，为确保减压阀组减压后的压力满足消防系统的工作压力要求，需要测试减压阀前后压力及流量，在测试过程中有大量的排水，如排水未考虑后续的接收，易造成地面大量积水。

处理方案：在设计中需考虑减压阀组的排水。

3.4.3　忽略设计细节产生的问题

问题一：排水管线表达在本层，实际在本层楼板下敷设，导致排水管线的布设无法充分考虑实际安装位置的建筑情况，可能存在穿越电气用房。

处理方案：改变制图习惯，楼板下的排水管道统一表达在实际安装层。

问题二：设置空调分体机的项目，须设计空调冷凝水排水管。设计中，经常出现由于给水排水专业未与建筑专业充分沟通或粗心大意，导致排水横支管标高于室内机的留洞标高，或者未设计横支管的上弯短管，造成无法排水的问题。

处理方案：设计前需与建筑核对室内机的留洞标高。空调冷凝排水支管的接口处标高，应低于室内机的留洞标高至少 50mm，上弯短管长度按 100mm 设置，通常支管管径取 DN25，立管管径取 DN50。

问题三：部分用水点由于其用水特点，即使配置了地漏，地面经常没有水渍，须防止地漏干涸而造成空气污染。

处理方案：地面经常没有水渍的区域，地漏应有相应的补水措施。

问题四：电梯基坑排水管连接至集水坑，按横平竖直设计转弯接入，增加拥堵风险。

处理方案：电梯基坑排水管在结构层内敷设，不受结构剪力墙影响，可按直线敷设，减少管长和堵塞风险。

问题五：排水管清扫口设置位置不合理，将清扫口设置为出楼板面的方式，却未核对上层清扫口位置的建筑形式。

处理方案：建议在下层悬吊管顺水三通上安装清扫口，不要穿过楼板露出地面安装。

问题六：空调机房等排水接入管线未做防结露措施，夏季高温天气时管道存在结露现象。

处理方案：在设计时进行明确，接纳空调冷凝水的管线做好防结露措施。

问题七：水泵接合器设置在玻璃幕墙下方或距离建筑较近，或设置在花池中。

消防救援中，需要救援人员将水带连接到水泵接合器上，而火灾时建筑上部有掉落物品的危险，是救援的巨大隐患；而设置在花池中，不利于消防车的接近。

处理方案：充分解读室外景观方案，墙壁消防水泵接合器的安装高度距地面宜为 0.70m；与墙面上的门、窗、孔、洞的净距离不应小于 2.0m，且不应安装在玻璃幕墙下方。

问题八：水池进水管与出水管同侧布置，造成水流短路，不利于池水更新。

处理方案：水池的进出水管应对侧布置。

问题九：气体灭火的泄压口设置在防火分区的隔墙上。

防火墙上不应设置开口。除规范明确不允许开口的防火墙外，其他防火墙上为满足建筑功能要求，必须设置的开口应采取能阻止火势和烟气蔓延的措施，如设置甲级防火窗、甲级防火门、防火卷帘、防火阀、防火分隔水幕等。

处理方案：泄压口设置在靠设备房走道一侧的墙体上。

3.4.4 消火栓安装产生的问题

问题一：暗装的消火栓贯穿墙体或箱体后，剩余墙体厚度达不到耐火极限的要求。常规消火栓的厚度为 240mm，而常规墙体厚度为 200mm，会造成墙体的穿透。

处理方案：

方案一：当墙体厚度不足时，应同建筑专业协商做成凹形墙体或增加墙厚，保证箱体后墙体厚度不少于 60mm（图 3-4）。

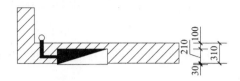

图 3-4　墙体加厚示意图

方案二：消火栓在防火墙上且无背墙，采用厚度 ≥3mm 钢板加内外防火涂料，栓门采用原消火栓门，墙面饰面及抹灰 30mm（图 3-5）。

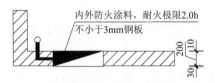

图 3-5　无背墙示意图

方案三：立管在封闭管井内，栓门采用原消火栓门，采用带检修门消火栓（图 3-6）。

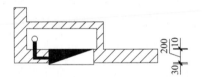

图 3-6　封闭管井示意图

问题二：忽略了消火栓门的开启角度不应小于 120°，影响消火栓正常使用（图 3-7）。或由于消火栓门的开启，造成疏散宽度的减少（图 3-8）。

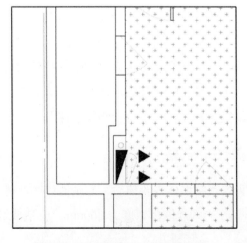

图 3-7　消火栓箱门无法正常开启

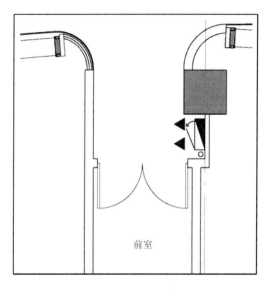

图 3-8　消火栓箱门开启影响疏散宽度

处理方案：消火栓宜采用有箱体门及开启角的图例绘制，如设置在墙角，注意开启角度是否能满足需求或周边是否有影响消火栓开启的因素；同时，应充分考虑消火栓在开启状态下是否会造成疏散宽度的减少影响人员的疏散。

问题三：未考虑室内消火栓与防火卷帘的关系，造成火灾状态时卷帘完全降落到地面，将消火栓隔离到卷帘内而无法使用（图 3-9）。

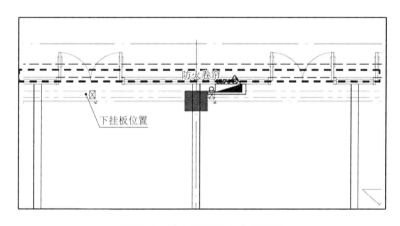

图 3-9　消火栓被防火卷帘遮挡

处理方案：将防火卷帘分段设置，留出消火栓的安装空间。处理方式见图 3-10。

问题四：未明确减压稳压消火栓的型号，造成施工采购错误。

处理方案：减压稳压型消火栓，分Ⅰ型、Ⅱ型、Ⅲ型 3 种型号，进口压力分别为 0.5～0.8MPa、0.7～1.2MPa、0.7～1.6MPa，出口压力分别为 0.25～0.35MPa、0.35～0.45MPa、0.35～0.45MPa。设计时按实际情况进行明确。

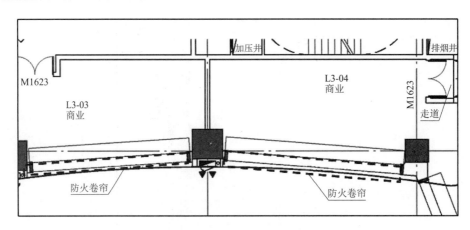

图 3-10 消火栓调整至防火卷帘分段处

3.5 典型商店建筑给水排水设计案例

3.5.1 工程概况

项目由大型城商业区、300m 的办公塔楼、180m 的公寓塔楼组成，地下 1 层～6 层为大型商业综合体，地下 4 层～地下 2 层为车库和设备用房。项目总建筑面积为 441400.92m²，其中商业建筑面积 146542m²，建筑高度 35.5m。

本案例仅对商业部分的给水排水系统设计进行介绍。

3.5.2 给水系统

1. 供水水源

本项目的供水水源为城市自来水，市政给水管网为环状管网。

市政水压为 0.22MPa。有两路进水管，从两条市政路分别引一根 *DN*250 进水管及一根 *DN*200 进水管，从引入管处分别引出商业、办公生活给水管及消防给水管，并设置分项计量总表后接至各业态的生活水箱和各自相应的市政水压用水点。

室外生活和消防管网分设，消防管网在小区内成 *DN*200 的环状消防管网。生活给水低区由市政直供，高区由变频设备加压供水。给水系统示意详见图 3-11。

2. 系统方案

根据供水压力 0.20～0.45MPa 分区，共分为 2 个区。

地块地下室及首层商业生活给水采用市政压力直供，其中餐厅厨房及超市的给水由商业变频加压泵二次加压供给；裙楼 2 层及以上区域采用二次加压供水方式；采用市政直供区域设有市政停水时转换为由变频水泵组供水的措施，并设置转换后使用的减压措施及防水质污染措施。

在地下室设置商业生活泵房，采用成品不锈钢水箱、变频供水泵组联合供水方式。

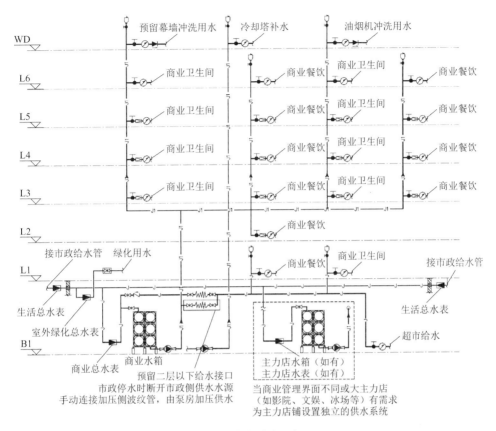

图 3-11　给水系统示意图

注：由于项目涉及类目较多，本示意图仅简略表达商业给水系统部分节点之间的关系，其余部分未作详尽。

3. 储水水箱

商业部分生活储水量按照最高日用水量 20%储存、冷却塔储水量按不小于 2h 补水量储存。

4. 用水计量

地块室外设置一级水表计量，采用 2 组一级水表供市政计量，其中一组生活总水表，一组消防总水表。地块内按不同功能、不同业态设置单独水表计量。

商场、各水箱的补水管、人防给水引入管、地下车库冲洗用水、后勤区域用水设二级水表计量。

商业部分各餐饮厨房、超市、电影院、商业每组男女卫生间、冷却塔补水、空调机房补水及其他有用水需求的租户设末端三级水表计量。

三级水表设置在各层相应的水管井或设备用房内方便抄表的高度。

3.5.3　生活热水系统

商业裙房卫生间母婴室洗手盆设置容积式电热水器，其他位置仅预留容积式热水设备电量，设备未来由物业根据需要安装。每个热水设备供 2 个洗手盆，热水设备容积 10L。所选热水器均必须带有保证使用安全的装置。

餐饮、厨房等有局部使用生活热水的设备由租户自行解决。

3.5.4 再生水系统

本项目地块附近有市政再生水管网供应，再生水水源为市政再生水，地块设置再生水总表。供应地块地下室车库及垃圾房地面冲洗使用。采用市政压力直供。

设置 1 组一级计量总表。地下室车库冲洗水于主管设置二级计量水表。

再生水系统用水点处，设置误接、误饮、误食标志，再生水冲洗阀门和用水口设置带锁装置。再生水管道应在其外壁模印或打印明显耐久的"再生水"标志，水池（箱）、阀门、水表及冲洗浇灌龙头均应有明显的"再生水"标志。

3.5.5 排水系统

1. 市政排水

地块四周均有市政排水管网分布，排水体制为雨污分流。

项目在污水管道及雨水管道末端设置水质检查井再接入市政排水管网。

2. 污废水排水

本项目商业排水系统采用污废水合流方式，餐饮厨房含油废水单独排放。

合流污废水经管道至化粪池，再排入市政污水管网。废水排放需满足国家和当地环保部门要求。地下室部分生活污废水通过污水泵房内设置的污水提升设备、集水坑及潜污泵加压排至室外污废水管网。

餐饮厨房含油废水设置独立的排水立管，需进行隔油处理，采用二级隔油。一级隔油器设置于厨房内，由厨房租户自行安装；二级隔油为设在地下室的成品气浮式自动隔油器，二级隔油器应设于专用机房内。废水经一体化隔油提升设备处理后排入室外污废水管网。

有生活污水接入的潜污泵须带有切碎功能。

3. 通气管系统

公共卫生间的生活污水和污水提升设备均设通气立管。

商场餐饮厨房排水管设置专用通气立管；隔油器设通气管；连接卫生器具多的排水横管按照规范设置环形通气管。废水管隔层分别与主通气管连接以减小高峰排水时排水管道内压力波动对系统的影响。

汇合通气管排气能力需考虑各汇入管道的截面后，按规范计算确定通气管管径。

从洗手盆排水管接支管至卫生间地漏支管补水以防止洗手间地漏干枯。

4. 集水井排水

地库停车场废水经过车库集水井收集后由潜污泵排入市政污废水管网。消防电梯集水井有效容量不低于 2.00m³，用电由紧急电源供给。下沉广场集水坑按 100 年重现期计算单泵流量，机动车坡道集水坑按 50 年重现期计算单泵流量。

3.5.6　雨水系统

1. 雨水排水量

室外地面设计重现期取 5 年，降雨历时 10min；裙楼屋面雨水设计重现期为 10 年，并按 50 年重现期雨量校核，降雨历时 5min；下沉广场雨水设计重现期按 100 年计算，降雨历时 5min。

2. 雨水系统排放方式

商业裙房屋面雨水采用虹吸雨水系统排放。塔楼屋面雨水采用重力流雨水系统排放。

下沉广场雨水采用压力流系统排放，于下沉广场周边设置集水坑收集后，利用潜污泵提升后排往市政雨水管网。地下停车库出入口车道起端及末端加设雨水截水沟，经管道收集到地下室雨水坑后，利用潜污泵提升后排往市政雨水管网。

3. 室外雨水系统

室外雨水采用分散式雨水口、排水沟收集，并根据市政雨水接口位置、标高分别排放至项目周边市政雨水管网。

3.5.7　海绵城市设计

项目地属于降雨量匮乏区域，雨水回收利用率偏低，或经常无雨水可收集，故本项目不考虑设置雨水回用系统。

本项目年径流总量控制率为 82%，项目地块考虑设置透水铺装、雨水花园、室外绿化、渗透渠等措施保证当地径流总量控制率，具体由海绵城市设计单位与景观设计专业配合落实。

3.5.8　消防系统

1. 地块消防用水量

地块地下 1 层设置消防水泵房及消防水池，水池储水量 738m³。消防系统用水量详见表 3-16。

消防用水量计算 表 3-16

消防用水项目	消防系统	消防用水量 （L/s）	火灾持续时间（h）	消防储水量要求（m³）	备注
消火栓用水	室外消火栓系统	40	3	432	按两路供水设计，不做储存
	室内消火栓系统	40	3	432	①

续表

消防用水项目	消防系统	消防用水量（L/s）	火灾持续时间（h）	消防储水量要求（m³）	备注
自动灭火用水	自动喷水灭火系统	50	1.5	270	地下1层超市仓库按最大储物高度3.5m，多排货架计算
		50	1	180	②净空高度 8m < h ≤ 12m 的商业中庭区域，采用 K = 115 快速响应洒水喷头
		40	1	144	③裙房净空 ≤ 8m 的区域
	自动跟踪定位射流灭火系统	20	1	162	净空高度 > 18m 的商业中庭区域
冷却分隔水幕防护冷却用水		45	1	162	④目前防护冷却系统持续喷水时间按照保护部位最不利3h耐火极限计算
商业部分总消防用水量（①+②+③+④）				738	地下室消防水池有效容积均为738m³

注：本项目按照最大消防用水量的一个防护区的消防用水量计算，即室内消火栓用水、自动喷水灭火系统、防护冷却系统用水之和。

2. 地块消防水源

室外消火栓给水系统利用市政管网压力，采用低压制消火栓系统，消防水源分别来自2条不同的市政路，于地块内设置2组消防总表，总表后室外消防管成环布置，满足地块两路消防用水要求。

3. 地块室外消火栓系统

室外消火栓沿首层外围消防车道设置，成环状布置。

4. 室内消火栓系统

商业部分设置独立的消防系统，采用临时高压系统，商业消防泵房内设置2台消火栓加压泵，一用一备，互为备用。室内设有专用环状消火栓管道。

商业消火栓系统竖向不分区，该部分消火栓用水由地下室水泵房内商业消火栓泵直接供给。压力超过 0.5MPa 的消火栓采用减压稳压型消火栓，本项目商业部分消火栓采用 SNW65-Ⅲ 型减压稳压消火栓。

该项目商业室内消火栓系统考虑每层设置环网，环网设置在后勤走道。消火栓的位置均根据装修需求暗装处理。

5. 自动喷水灭火系统

本项目地下停车库及商场按中危险级 Ⅱ 级设计，喷水强度为 $8L/(min \cdot m^2)$，作用面积 $160m^2$，火灾延续时间 1h；地下室超市及仓储按多排货架储物仓库设计，危险等级为仓库危险Ⅱ级，储物高度为 $3.0 \sim 3.5m$，喷水强度为 $12L/(min \cdot m^2)$，作用面积 $200m^2$，火灾延续时间 1.5h。

自动喷水灭火系统为闭式湿式系统。

除楼梯间及不宜用水扑救的房间，如变配电房、弱电机房、程控交换机房、储油间等，所有楼层包括公共位置、楼梯前室及电梯大堂均设有自动喷水灭火系统保护，包含发电机房。

临时高压供水区域均应设置消防稳压设备，并应能满足系统自动启动和平时管网持压的要求。

喷头布置及选型：对于有吊顶的区域，除在吊顶下设置下喷喷头外，当吊顶内净空高度大于 800mm 时，吊顶内应设直立型玻璃球喷头；所有有吊顶的区域，采用齐平式或嵌入式吊顶型喷头，所有无吊顶区域需安装直立型玻璃球喷头；无吊顶区域宽度超过 1.2m 的风管或其他障碍物下方需增设下垂型玻璃球喷头，并增设防护罩；喷头作用温度则根据不同的建筑功能确定，餐饮厨房内选用 93℃高温玻璃球喷头、厨房排油烟风管内设置 260℃高温玻璃球喷头，其他部位均选用 68℃玻璃球标准喷头；所有裙楼、塔楼区域、地下室商业的喷头均设置快速响应喷头。8～12m 影院巨幕影厅，采用 K115 大流量玻璃球洒水喷头。

6. A1 地块大空间智能型主动喷水灭火系统

本项目超过 12m 的中庭设置大空间智能型主动喷水灭火系统。系统设计流量为 20L/s，火灾持续时间 1h。单个水炮标准喷水流量 5L/s；单个水炮保护半径 20m；水炮安装高度 6～20m。

7. 地块气体灭火系统

高低压变配电房、程控交换机房、弱电主机房设计七氟丙烷气体灭火系统，根据保护房间的面积分设管网式或柜式。

系统设有自动控制、手动控制和机械应急操作三种启动方式，当采用自动报警系统作自动控制时，须接收两个独立的火灾信号后发出声光警告并延迟 30s，待人员疏散后自动启动。

厨房排油烟罩设置独立的安素气体灭火系统，由餐饮租户自行安装。

8. 地块建筑灭火器配置

发电机房、变配电房按中危险等级设置推车式磷酸铵盐灭火器，MF/ABC20；地下室车库按中危险等级设置手提式磷酸铵盐灭火器，MF/ABC5；厨房按严重危险等级设置手提式磷酸铵盐灭火器，MF/ABC5；塔楼、商业按严重危险等级设置手提式磷酸铵盐灭火器，MF/ABC5。

灭火器放置位置：每个组合式消火栓箱内以及指定的灭火器配置点。手提式灭火器宜靠柱、墙设置在灭火器箱内或挂钩、托架上，其顶部离地面高度不应大于 1.50m；底部离地面高度不宜小于 0.08m，灭火器箱不得上锁。

9. 地块防火冷却系统设计

根据建筑方案，本项目商业中庭与商铺之间采用防火玻璃＋防护冷却系统作为防火分隔措施。系统设计流量为 45L/s，持续洒水时间 1h。

防护冷却系统采用窗玻璃喷头或侧喷洒水喷头。

3.6 本章小结

商店建筑在城市经济发展和居民日常生活中有着十分重要的作用，其主要特点是将商业活动与居民日常文化生活紧密结合起来。对应特点是体量大、功能多、结构复杂、人员密集、火灾危险性大。建筑类型的重要性决定了商店建筑设计过程中，需要同时考虑合理性、经济性、灵活性及其系统可靠性。

结合商业业态及布置可调整的前提，给水及排水系统在合规合理前提下，尽可能多地预留末端给水排水点位，缩小设备机房服务半径，为后期提供多种可能性；同时，合理配置给水设备，既能满足使用需求，又在高效使用段使其尽量达到经济效率最大化。

第 4 章

办公建筑给水排水设计

4.1 办公建筑分类

办公建筑因使用性质、单元平面组合、使用对象和管理模式等不同而有很多类型。近年来，供商业（包括外贸）、金融、保险等各类公司、企业、经济集团从事商务活动的办公建筑层出不穷，其形式和管理模式也多种多样。本章将结合实际案例，对办公建筑给水排水设计中的一些特殊做法进行探究。

4.1.1 根据办公建筑功能形式分类

从给水排水设计角度考虑，影响较大的主要是办公空间的使用方式，故笔者以此作为依据，将办公建筑做以下分类：

1. 行政办公楼

主要用于各级党政机关、人民团体、事业单位的办公，以传统办公室为主，平面布局比较固定，使用功能较为稳定。如政府办公楼、企事业单位办公楼等。

2. 专用办公楼

主要用于一些具有特殊功能要求的办公使用，平面布局相对稳定，功能较专业，会根据办公性质确定，因此对于给水排水以及消防会有特殊要求。例如大型工矿企业、银行金融业的总部办公楼、科学研究办公楼（不含实验楼）等。

3. 商业写字楼

可以按产权划分为两类：一类是单一产权模式，通常由开发商、企业或机构投资者所持有，分层或分区出租给其他公司；另一类为分散产权模式，办公楼内不同办公单位或楼层的产权由不同业主所持有。此类办公楼最为常见，内部可根据各租赁方或业主需求，对办公空间大小、空间组织形式和布局方式进行调整划分。也是本章重点介绍的建筑给水排水设计类型。

4. 综合办公楼

此类办公楼可以算作写字楼细分领域，属于写字楼的升级版，在单一办公的基础上，增加公寓、酒店、商场、展览厅、对外营业性餐厅、咖啡厅、会所等公共设施的建筑物。目前国内众多地标级甲级写字楼都采用此模式，例如平安金融中心、华侨城大厦、南宁华润大厦等。

4.1.2　根据办公建筑的使用要求进行分类

《办公建筑设计标准》JGJ/T 67—2019 中的分类主要依据使用功能的重要性而定，同时对办公建筑主体结构的设计使用年限作了相应的规定，见表 4-1。

办公建筑分类　　　　　　　　　　　　　　　　　　　　　表 4-1

类别	示例	设计使用年限	耐火等级
A 类	特别重要办公建筑	100 年或 50 年	一级
B 类	重要办公建筑	50 年	
C 类	普通办公建筑	50 年或 25 年	二级

注：各类办公建筑定义详见本书第 1 章第 1.1.3 节。

4.2　办公建筑给水排水设计重难点问题分析

除去一些专用办公建筑对生产生活用水有特殊要求之外，大部分办公建筑内都可以采用常规的民用建筑给水排水系统。本章将着重针对高层及超高层办公楼的给水排水设计进行分析，此类办公建筑的给水排水设计，更多需要考虑合理匹配其功能分区，以利于业主对建筑的管理和未来的改造运营。在各个系统的服务范围内做到使用清晰独立，互不干扰，能够最大限度地适应不同办公空间的合理转换。

针对以上特点，笔者总结了一些给水排水设计中的重难点，供大家一同探讨。

4.2.1　办公建筑给水设计重难点问题

1. 生活给水系统分区

根据《建筑给水排水设计标准》GB 50015—2019 的要求，办公给水系统竖向分区的供水高度主要受到建筑层数、功能分布、维护管理、能耗等多种因素综合影响。对于建筑高度不超过 100m 的建筑物，生活给水系统宜采用垂直分区并联给水或分区减压的供水方式。建筑高度超过 100m 的建筑物，宜采用垂直串联供水方式。

2. 给水系统形式

许多重要的办公建筑有较高的用水可靠性需求，叠压供水系统因不含生活水箱或者水箱容积很小，同时受到当地供水条件限制，稳定性较弱。若业主明确要求采用此系统，设计前必须征得当地供水主管部门的同意。除此之外，通常建议采用水泵 + 水箱的供水形式，特别对于超高层建筑，建议优先考虑重力供水，以减少水泵设置，并且对于设置有避难层

（或设备层）的办公建筑，结合建筑竖向功能分布，合理设置中间水箱，可以将供水压力有效分散至各分区，提高供水稳定性。通常中间水箱优先考虑设置于避难层（或设备层），采用减压阀分区。

3. 给水排水系统的产权问题

前文中提到产权分散的办公建筑中，统一报建的建筑群内可能会含有多个拥有不同产权的业主，在投入使用时，可能需要给水系统甚至消防系统都能分开管理和运维。因此在项目方案阶段，需要充分了解产权分配原则，明确分设系统的界面。包括各类水泵和水池是否分别设置，总进水表的计量范围，室外化粪池是否分开设置等问题。需要注意的是，市政给水排水的接驳口通常只会按一个整体地块预留，建议方案阶段配合业主划分系统界面时，应考虑市政条件的限制。

4.2.2　办公建筑排水设计重难点问题

1. 超高层排水立管设置问题

1）尽量按照 2~3 个避难层分区，每个核心筒内不宜少于 2 组立管，利于维护检修，同时可以降低分区内立管管材承压等级。对于建筑竖向功能较多的综合办公楼，按功能分区更适合。例如公寓、办公、酒店等，均考虑为其独立设置排水立管。

2）每个分区底部卫生间应单独设置排水横管，并且连接通气管。排水管引至管井内向下隔一层再接入立管，减少压力波动。

3）排水管不建议设置转折消能，不仅噪声较大，同时也会形成水跃，降低排水能力。

2. 管井设置问题

管井宜靠近核心筒或卫生间附近，尽量保持直上直下，当确实需要转换位置时，可考虑在设备层完成转管，同时详细复核转换管道所占用净高是否满足要求。

较为常见的写字楼平面布置，通常是核心筒位于中间，周边被办公区域包围。此时，管井尽量布置在核心筒对角或两侧，可有效控制办公区域顶棚净高，也相对节省排水横管。

图 4-1 为常见的办公平面布置，卫生间为贯通式一字形排布，较为理想的管井位置建议采用主管井和副管井 1；如果条件不允许，可以考虑副管井 2。

3. 排水点位设置问题

通常设计师在布置办公楼的排水时，会重点关注卫生间、茶水间、设备间以及管井这些常见部位，对于一些特殊的部位容易忽略。以下为笔者整理的一些需要特别注意的排水点位：

1）办公大堂入口的擦脚毡下宜设置排水地漏。特别是一些装饰为下沉式的擦脚毡，雨天或者清洗时积水难以清除，建议设置排水地漏，利于物业清洗。

2）空调机房、排烟机房等设备间的外墙与幕墙之间会设有风箱或消声室之类的隔水间，需要设置排水地漏避免积水。排水管道在下层顶棚内转入管井废水立管中。下层可结合建筑考虑设置为避难层，利于管道敷设。若下层为办公区域，则考虑尽量在公区、走道等部分安装管道，并考虑消声措施。

3）部分业主会考虑将来在标准层增加用水点，建议早期征询业主是否有此需求。设计时，可以在标准层远离管井的四角预留排水管道。同时，提醒建筑在这些区域预留出落管条件，并且避免设置电气用房等无法安装水管的设备房间。

4）塔楼常在某层局部设置一些开敞的退台或观光阳台之类的空间，此类区域需要考虑设置地漏，可就近接入预留排水管，或者排入管井中的废水管。

5）一般写字楼都会配备茶水间，除了洗涤盆之外通常还会设置地漏。而茶水间地面并不需要频繁清洗或排水，有可能会出现地漏干涸的状况，进而导致有害气体进入室内。一般可以选用多通道地漏避免地漏干涸，如果预埋条件不允许，可以采用水封补水措施，同样能避免此问题，如图 4-2 所示。注意接入地漏存水弯的排水管前端严禁重复设存水弯。

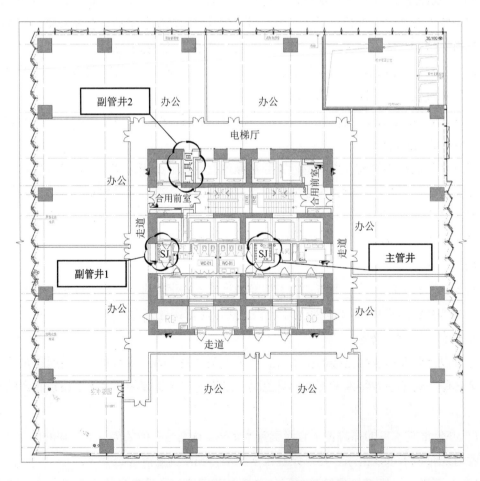

图 4-1　办公建筑标准层水管井设置示意

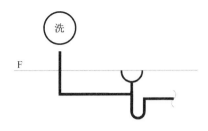

图 4-2　水封补水措施示意

4.2.3　办公建筑雨水设计重难点问题

1. 雨水系统的选择问题

雨水系统按管道位置可以分为外排水和内排水，其特点和适用场所也有所不同（表 4-2）。对于多层且外墙立面要求不高的办公建筑，可以选择外排水或者仅部分立管在室内的内排水系统。鉴于时下流行的办公建筑设计元素，多为高层且设置玻璃幕墙，多数写字楼或综合办公楼塔楼都会采用内排水系统。因此设计初期，需充分考虑管井中预留雨水管的空间。

雨水系统分类以及适用场所　　　　　　　　　　　　　　　　表 4-2

排水分类	特点	适用场所举例
外排水	管道均设置于室外，或建筑外墙（部分连接管有时在室内）	1）檐沟排水及承雨斗排水的建筑； 2）无特殊要求的住宅建筑
内排水	仅悬吊管在室内	1）室内无立管设置位置； 2）立管在外墙能实现维修； 3）外墙立管不影响建筑美观
	全部管道在室内	1）玻璃幕墙建筑； 2）超高层建筑； 3）室外不方便维修立管或不方便设立管的建筑

2. 雨水汇水面积相关问题

在计算室外雨水管网汇水面积时，不仅要考虑地面、屋面面积，当存在高度≥100m 建筑时，还应按夏季主导风向的迎风墙面 1/2 面积作为有效汇水面积，叠加计算设计流量。除此之外，位于超高层建筑周围和具有高大立面的悬挑投影范围下，都需设置排水沟，用于排除墙面雨水，排水沟的做法应与建筑和景观专业配合，既可快速排除雨水，又不影响美观和整体效果。

3. 超高层雨水系统消能问题

当建筑高度超过 250m 时，雨水系统宜采取消能处理。若由立管直接排放，所采用管材及管件承压等级不应低于 2.5MPa，如此设计不仅增加造价，且对施工要求也比较高。另外雨水管道在出户排水时对雨水井的冲击也很大。综合各种因素，一般对于超过 250m 的超高层建筑，可通过在中间避难层设置雨水消能水箱的方式对雨水排水系统进行减压。消能水箱下部排水管承压等级大幅降低，不仅可以减少造价、降低施工难度，还可以避免雨水排入室外检查井时的高冲击风险。雨水消能设置方式可参见图4-3。

在条件允许的情况下，消能水箱与雨水回用系统或空调冷凝水回收系统兼用，不仅能提高消能水箱的缓冲能力，也能减少雨水回用原水箱或冷凝水回用水箱的容积。对退台较多的超高层建筑，不同高度接入核心筒的雨水立管数量众多，占用较多管井面积，如果在中间设有雨水消能水箱，则消能水箱之下部分可减少雨水排水立管数量，从而减少下部管井面积。

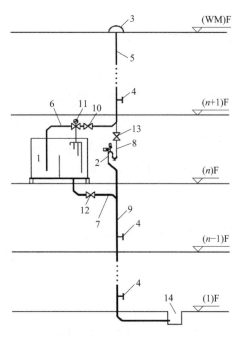

1—消能水箱；2—应急消能装置；3—雨水斗；4—检修口；5—上部排水管；
6—水箱进水管；7—水箱出水管；8—应急排水管；9—下部排水管；
10—进水管控制闸阀；11—进水管电动闸阀；12—出水管控制闸阀；
13—应急排水管控制闸阀；14—室外雨水检查井

图4-3　雨水减压水箱系统

4. 屋面溢流设施问题

有组织排水的屋面设置至少2根雨水立管，建筑上还应考虑设置溢流口。屋面雨水排水出户管不少于2根。当塔楼或裙房均为幕墙结构，对于溢流口设置比较困难时，采用以下措施：

1）增大雨水设计重现期至校核重现期。

2）同建筑设计与幕墙设计专业协调，设置穿玻璃幕墙雨水溢流管。溢流管形式及规格需与幕墙深化设计密切配合。图4-4为溢流管道穿玻璃幕墙设置方式示意。

3）设置溢流雨水斗，数量不少于2个，并分别接至不同的雨水立管，溢流雨水斗可合并立管，溢流雨水斗顶标高应低于屋面门槛高度至少50mm。屋面溢流斗设置见图4-5。溢流管道承压能力与雨水排水管应相同。

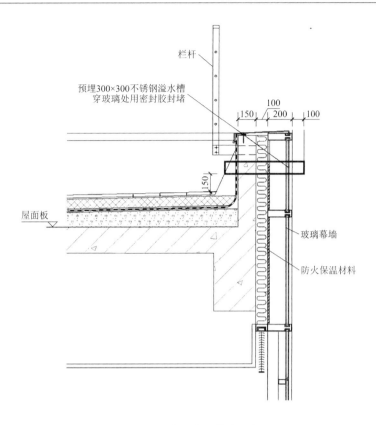

图 4-4　雨水溢流口做法示意

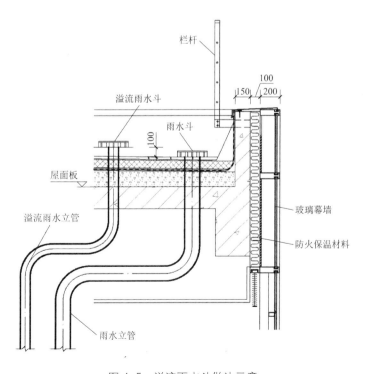

图 4-5　溢流雨水斗做法示意

4.2.4　办公建筑消防设计重难点问题

1. 办公建筑消防系统选择

现代建筑行业飞速发展，为了满足人们对于办公建筑日益多元化的需求，很多办公建筑往往包含办公、食堂、会所甚至公寓、酒店等多种功能。特别是高层建筑，不同使用功能在竖向区域的划分，对消防系统的设计有很大的影响。

办公建筑的消防系统主要包含消火栓系统、自动喷水灭火系统、自动跟踪定位射流灭火系统、气体灭火系统、移动式灭火器、厨房灭火系统等。合理、有效的消防系统设计，不论在保护人身财产安全方面，还是前期建设投入和后期维护成本的控制，都有重要意义。

在确定建筑功能时，需要着重区分该区域是否属于同一功能，例如会议室、餐厅、档案室等，此类区域为办公服务，因此仍定义为办公建筑。当办公建筑与酒店、商业设施合建时，不同使用功能区或场所之间需要进行防火分隔，以保证火灾不会相互蔓延，相关防火分隔要求应符合国家规范及其他有关标准的规定。同时计算消防水量时，应根据不同功能分别计算，按最不利条件取值。一类、二类高层综合建筑的高位水箱以及消火栓最小静压可参考本书第 3.2.5 节中表 3-11 取值。

2. 办公建筑消火栓系统选择

根据《消防给水及消火栓系统技术规范》GB 50974—2014 的规定，当系统最高压力大于 2.40MPa、消火栓栓口处静压大于 1.0MPa、自动喷水灭火系统报警阀处的工作压力大于 1.60MPa 时，消防给水系统应分区供水。目前对于 100m 以下建筑的消防分区形式较为固定，而在超高层建筑的消防给水系统设计中，由于系统工作压力的分区可以有多种形式，往往同一座建筑，可能会出现不同形式的分区设计。因此在初期方案制定时，结合建筑高度、功能分区以及造价成本等各类因素，选择合理且符合当前建筑特点的消防分区系统，对于整个系统设计的合理性起着决定作用。

室内消防给水系统主要分为高压和临时高压消防给水系统。设计时需根据办公建筑的特点，按照安全可靠、经济合理的原则，选择适合的给水形式。表 4-3 为笔者摘抄的常用消防给水系统基本形式，完整的系统形式详见《建筑给水排水设计手册》（第三版）表 6.2-26。

1）对于供水高度在 150m 以下的建筑，通常形式较为统一，采用一泵到顶 + 减压阀分区的形式。可以避免采用转输水箱，并且水泵数量较少，缺点是需要耐高压管材数量较多。

2）对于供水高度在 150～250m 之间的建筑，较为常用的形式是设置转输水箱串联加压的临时高压消防给水系统，转输水箱可兼做高位消防水箱。一般转输水箱设置在靠近中间的避难层，通常设置一组即可，既能节省成本，也能保证供水可靠性。当条件允许时，可采用稳定性更佳的高压消防给水系统。

3）对于供水高度超过 250m 以上的超高层建筑，现行国家标准《建筑设计防火规范》GB 50016 规定，此类建筑尚应结合实际情况采取更加严格的防火措施。同时，结合公安部《建筑高度大于 250m 民用建筑防火设计加强性技术要求（试行）》（2018 版）要求，建议采用专用水泵供水＋高位消防水池重力供水的高压系统，从可靠性和经济性考虑都比较合适。因此在方案阶段，需提醒建筑和结构专业考虑屋顶能够留有足够的空间和荷载，用于放置储存全部消防水量的消防水池和泵房。

常用消防给水系统基本形式 表4-3

系统给水形式		图示	说明	通用范围
高压系统	高位消防水池给水	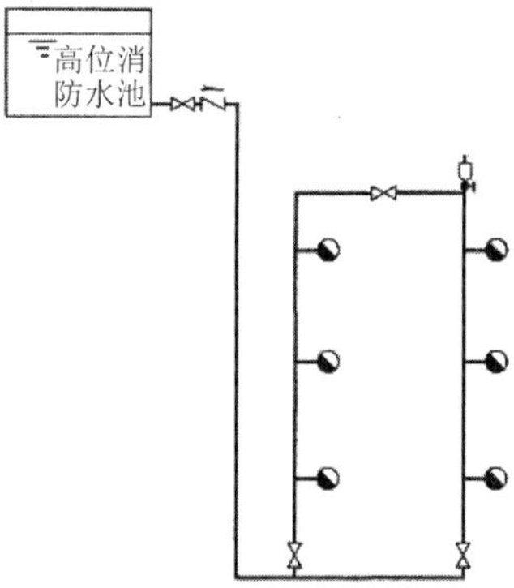	高位消防水池储存一次灭火的全部水量，不设置消防水泵。供水可靠，系统简单，投资少，安装维护简单。 　要点：高位消防水池的高度能满足最不利点室内消火栓工作压力要求	有可供利用的地形设置高位消防水池，适用于单层、多层建筑
	高压与临时高压结合	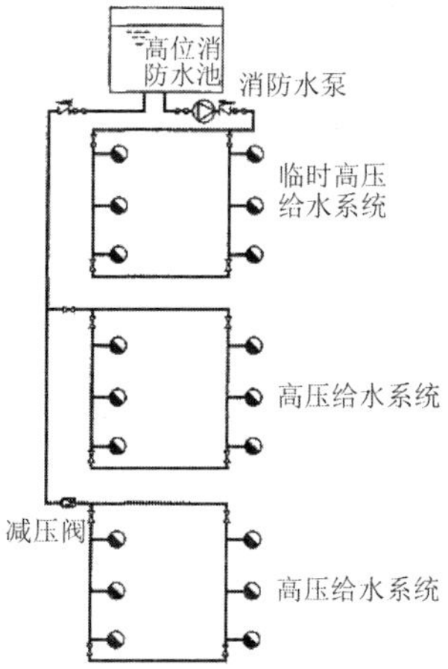	高位消防水池储存一次灭火的全部水量。高位消防水池的高度一般不能满足高区室内消火栓水压要求，需要设置消防水泵增压。高区为临时高压给水系统，低区为高压给水系统。供水可靠，系统较为简单。 　要点：高位消防水池增加结构荷载，占用屋顶面积	允许设置高位消防水池的高层、超高层建筑
临时高压系统	竖向不分区	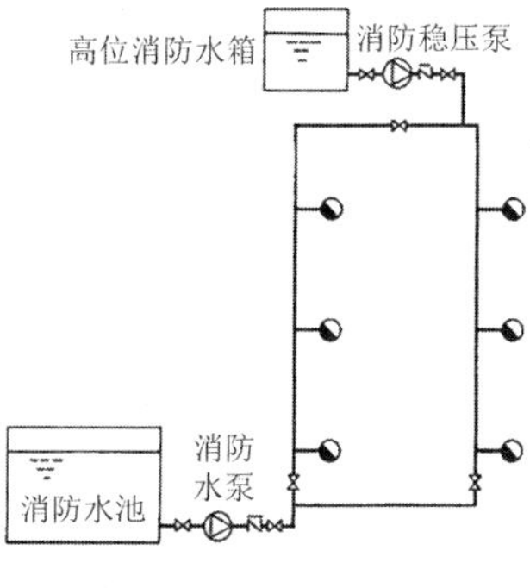	设置一组消防水泵，供水较可靠，系统较简单	多层、高层建筑

系统给水形式		图示	说明	通用范围
临时高压系统	减压阀分区	高位消防水箱　消防稳压泵 减压阀 消防水池　消防水泵	设置一组消防水泵，供水较可靠，系统较简单	高层建筑
	消防水泵并联分区	高位消防水箱　消防稳压泵 高位消防水箱　消防稳压泵 消防水泵 消防水池　消防水泵	分区设置消防水泵，供水较为可靠。消防水泵集中布置在下部，不占用上部楼层面积，便于管理维护。消防水泵型号多，配电功率大，控制较复杂。 要点：分区交界楼层发生火灾时，可能同时启动两组水泵，供配电系统应满足两组水泵同时启动的要求	高层建筑
	消防水泵串联分区	高位消防水箱　消防稳压泵 高区消防水泵 转输水箱 消防水池 转输水泵	在避难层设置转输水箱和消防水泵，占用避难层面积，增加结构荷载。消防水泵调试、巡检时有噪声和振动，串联系统供水可靠性比较低，控制复杂。 要点：需要充分考虑消防水泵调试、巡检时的噪声和振动对上层和下层的影响	通常适用于超高层公共建筑

3. 多层办公建筑自动喷水灭火系统设置问题

《建筑设计防火规范》GB 50016—2014（2018 年版）第 8.3.4.3 条明确了"设置送回风

道（管）的集中空调系统且总建筑面积大于 3000m² 的办公建筑等"需设置喷淋系统，对此条件有以下解读：

1）此条中的 3000m² 是指建筑单体的总面积，并不是特指仅设有集中空调区域的面积；

2）当此类多层办公建筑主要采用分体空调，而其中某一层或局部区域设置 VRV 空调时，一般 VRV 空调均设置新风管道系统，按照各地消防部门的要求，多数需要设置自动喷水灭火系统，但也有地区有不同要求，如浙江。

参考《浙江省消防技术规范难点问题操作技术指南》第 120 条：局部设置具有送回风管道的集中空气调节系统的多层教学楼、办公楼，当设有空调系统部分的建筑面积之和大于 3000m²，但空调风管不穿越防火分区、不穿越楼板，后者设置空调系统的部分建筑面积之和不超过 3000m² 时，可不设自动喷水灭火系统。

4. 消防设计预留改造条件

对于开放空间的办公建筑来说，后期使用中可能会面临平面布局改造的需求。当业主有考虑预留改造条件的需求时，可在规范允许的范围内，适当采取措施减少改造成本。具体做法如下：

1）消火栓系统主要考虑消火栓箱的增减或移位。对于每层设置环管的消火栓系统，可以考虑在环管上预留三通接口并设常闭阀门封堵，预留接口至少 2 个，接口之间至少保留一个检修阀门；对于立管成环的消火栓系统，可以考虑在不相邻的两根立管上预留三通接口并设常闭阀门封堵。在后期改造时，可以直接从预留接口处接出一条横管用于连接增设的消火栓。

2）消火栓箱尽量布置在公共区域及楼梯间等便于取用的地方，如图 4-6 所示。超高层建筑的平面布置多为核心筒周围设置办公空间，根据《建筑设计防火规范》GB 50016—2014（2018 年版）第 5.5.17 条要求，办公空间最远点离疏散出口距离不超过 15m（设置喷淋系统时，可增加 25%，即 18.75m），因此办公空间的常用进深通常为 12～14m。结合水带的保护半径，消火栓箱可以设置在公区走廊核心筒一侧，可以避免后期办公空间平面调整对消火栓的影响。需要注意，消火栓安装位置尽量避开核心筒的剪力墙；否则，需与结构和建筑沟通，设置好预留洞和套管条件。

3）标准层办公室的喷头平面布置，在装饰改造过程中占用较大的工作量。在前期设计时，应及时了解业主对于后期装饰的具体要求。若能够在一次机电施工图中完成对装饰吊顶的配合工作，可减少后期二次机电的配合量。当无法得到吊顶条件或者一次机电施工图并未设计吊顶时，建议设计师在可能有后期改造区域的吊顶设置喷头时，注明采用四通连接喷头的短立管，另一端暂时封闭，为后期改造接管预留条件。也可以用不锈钢软管连接喷头的方式，便于后期装修调整。

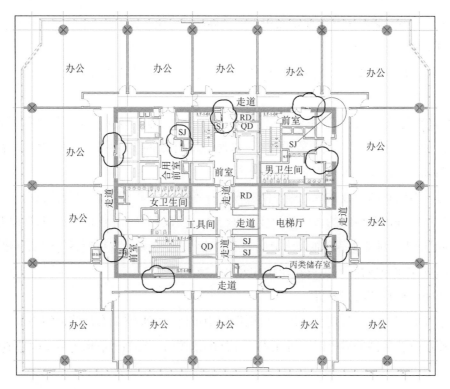

图 4-6 典型办公标准层消火栓位置示意

4.2.5 办公建筑中机电平面布置的重难点问题

1. 避难层的平面布置

避难层通常会设有各种机电设备房，因此平面布置时应注意合理分配空间，确保净高、走管的合理性。

1）水泵房布置时应考虑留出合理的走管空间，尽量避免周边被电气机房包围，仅留一条走道作为出管空间。此时往往机电管线需要重叠多层布置，严重影响净高。

2）水泵房平面选址时应注意上下层关系，泵房应避免设置在办公区域等对安静有要求的空间相邻层。若确实无法避开时，对于平时运行设备，建议设置有效的隔声减振措施，例如泵房内贴吸声棉、水泵设置浮筑地台等措施。

3）当避难层下层的建筑为重要的资料室、档案室和重要的办公用房时，排水管道不应敷设在会议室、接待室以及其他有安静要求的办公用房的顶板下方，当不能避免时，应采用低噪声管材并采取防渗漏和隔声措施。

4）注意空调机房地漏排水管需设置防结露包裹，避免对下层的办公区域造成影响。

2. 机电管线对净高影响

1）净高要求

净高设计是办公环境品质密切相关的重要环节。目前，国内对办公建筑净高的控制依据来自《办公建筑设计标准》JGJ/T 67—2019 第 4.1.11 条，结合机电管线以及梁高，目前超高层办公建筑的标准层常用的层高为 4m、4.5m、5m 等。

2）影响净高的因素

对净高影响较大的因素主要包含梁高、地面做法和设备空间高度。前两个属于土建做法，一般受到建筑形态限制。比如框-剪结构的梁高一般是主跨的 1/8～1/12，地面高度通常是结构标高以上 50～100mm 等。设备空间高度是灵活性最大的部分，通常机电管线顶部距离梁底 50～100mm，风管与桥架之间的距离要不小于 100mm，管道平行布置时，外壁间距宜不小于 100mm。办公楼标准层常见的设备管线及其高度要求详见表 4-4。

办公标准层各机电设备布置统计　　　　　　　　　　　　表 4-4

管道类型	常见设备厚度（mm）	注意事项
空调进回水管	100（加保温 180）	压力管，可翻弯
空调冷凝水管	50（加保温 100）	通常为压力管
空调风管	高宽比最大可做 1∶6	对净高影响最大，房间内尽量考虑在梁窝布置
机械排烟风管	通常为 450 左右，走道排烟风管尺寸较小，房间风管较大	
消火栓和喷淋管	80～200	在走廊净高受限时，主要考虑穿梁敷设。需要特别注意在超过 1200mm 的风管或者桥架底部增设的喷头，应考虑到净高以内
生活给水管	50～100	除特别需要，尽量避免在办公房间内敷设，受到风管影响，通常需要穿梁
生活排水管	50～250	重力排水管平面敷设长度对净高影响略大，应尽量避免在房间内敷设。碰到与风管和桥架交叉时，通常位于下方，可能成为机电管线的最低点
强弱电桥架	100～200	注意与水管的竖向位置，若为同向敷设时主要在水管之上，局部交叉时可位于水管下
吊顶	80～100	

管线综合排布原则：

a. 系统主干管尽量布置在公共区域和便于检修区域，不宜布置在室内。

b. 不同专业管线间距离要满足现场施工规范，同时兼顾美观要求，在保证系统安全、使用功能的前提下尽可能提高室内净空高度。

c. 充分配合好和土建的交叉作业施工，考虑管道安装工序、条件以及后期系统维修便利。

4.3　办公建筑常用给水排水系统

4.3.1　生活给水系统

对于建筑高度不大于 150m（工作压力在 2.0MPa 以下）的办公建筑，通常采用一泵到顶的供水方式，没有中间水箱和转输泵房，便于维护且避免二次污染。对于大于 150m 的超高层办公建筑给水，建议采用分区串联的方式。此方案供水可靠性高，管材压力要求较低。图 4-7、图 4-8 为某 240m 和 300m 超高层办公楼的给水系统示意。

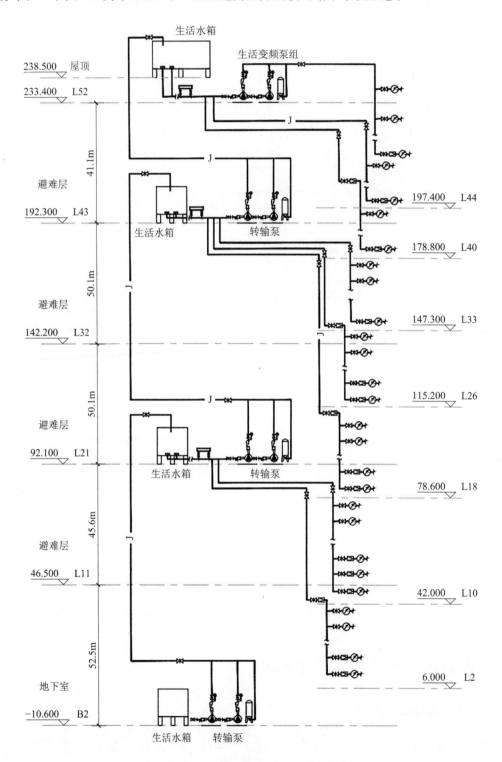

图 4-7　240m 超高层给水系统示意图

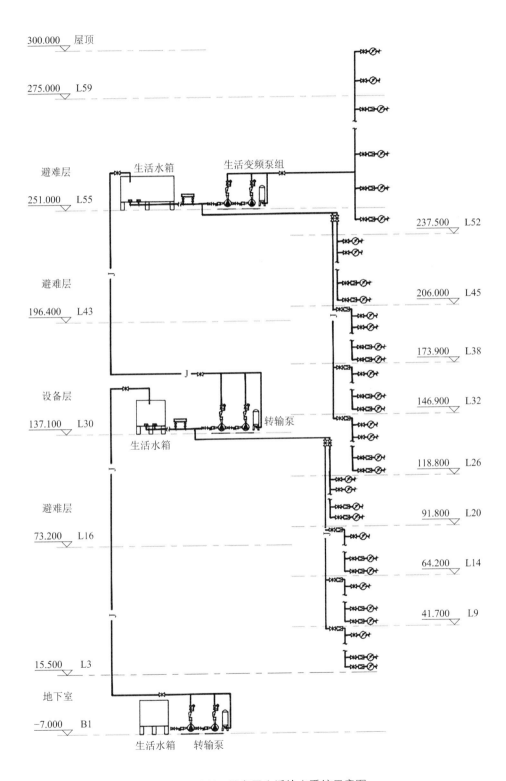

图 4-8　300m 超高层生活给水系统示意图

4.3.2 消防系统

如前所述，对于超高层建筑，特别是 150m 以上的建筑，通常采用水泵加转输水箱串联分区供水，此供水方式适用性广，水泵扬程不高，各分区管材承压等级低。对于超过 200m 的超高层还有屋顶高位消防水池供水、局部设临时高压系统的高压供水形式，可适当减少水泵数量。系统联动控制简单，供水可靠性较高。图 4-9 至图 4-11 为 200m、240m、300m 超高层较为常用的消防系统示意。

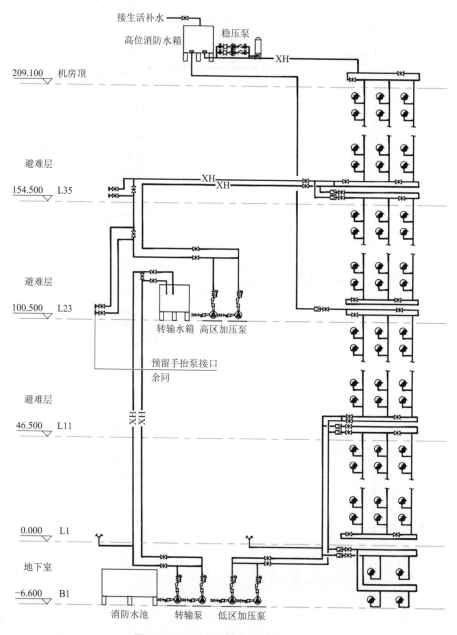

图 4-9　200m 超高层消防系统示意图

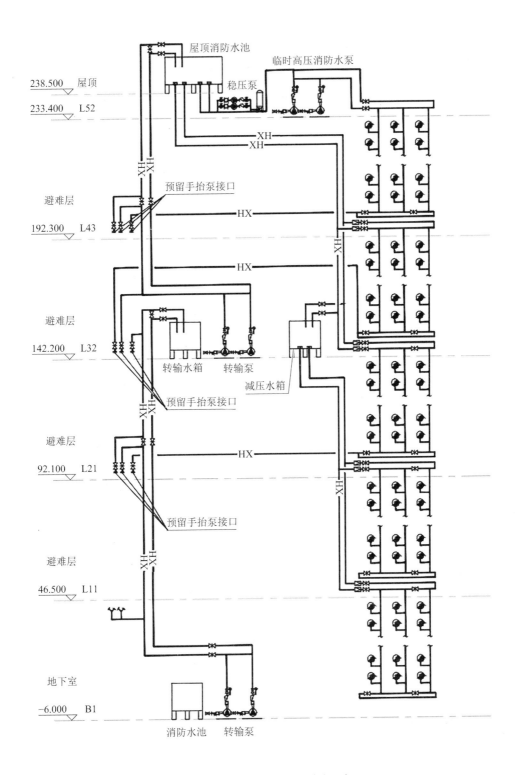

图 4-10 240m 超高层消防系统示意图

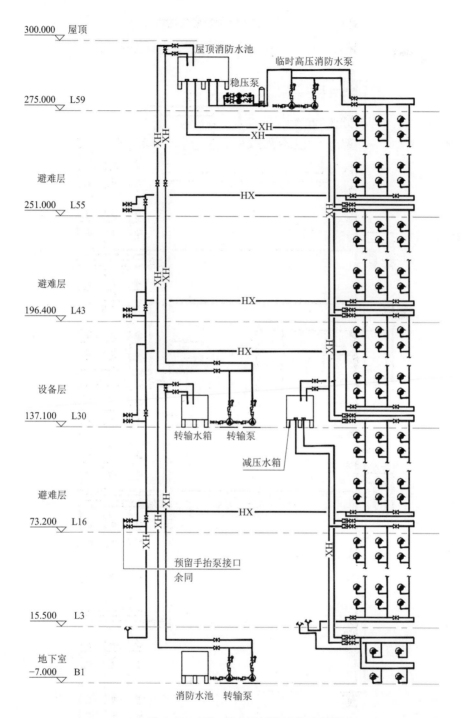

图 4-11　300m 超高层消防系统示意图

4.3.3　雨水系统

雨水根据屋面状况，优先采用重力排水。当裙房汇水面积很大且重力排水有困难时，可考虑采用虹吸雨水排水系统。建筑高度达到 300m 及以上的建筑宜在避难层设置雨水消能措施，通常可以采用管道自然转弯消能，立管宜在竖向不超过 100m 间距的避难层合适位置设置 L 形、乙字形或 U 形水平管道，利用管道水平拐弯消能；避难层横管段长度不宜小于 8m。也可以采用设置消能水箱的措施，具体做法详见图 4-12。

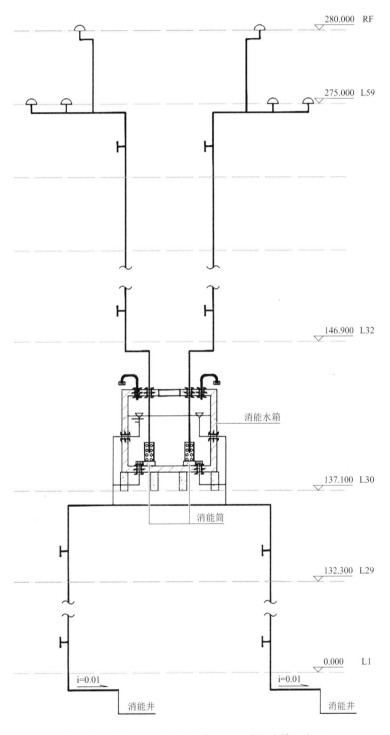

图 4-12　280m 超高层雨水系统设置消能水箱示意图

4.3.4 污废水系统

办公建筑的污废水系统相对来说并不复杂。主要为茶水间和卫生间排水，当带有餐饮厨房时需设置油水分离装置，并单独排放。若无特殊要求，一般做污废合流系统。因管井和屋面限制，通气管可以选择多次汇合，以减少立管数量，但需要注意计算汇合通气管管径。图 4-13 为某超高层办公楼污废水系统示意。

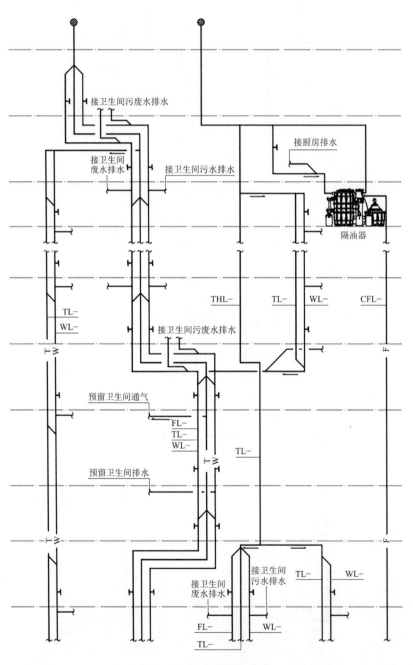

图 4-13　污废水系统示意

4.4　工程实施过程中常见问题及处理

工程实施过程中常会出现很多规范、图集所无法涉及的特殊状况，需要工程师在每次实践中不断总结教训，交流经验，在下次设计时提前规避问题，尽量减少因设计错漏碰缺引起的变更和返工。以下为笔者总结的一些常见问题。

4.4.1　室外施工部分问题

问题一：室外排水管线与冠梁碰撞问题。很多写字楼位于中央商务区（CBD），寸土寸金，地下室边线距离红线较近，甚至仅保留 3m 空间。而此范围又布置着地下室基坑的支护桩和冠梁，这将导致室外机电管线，特别是雨污水井，在施工时与冠梁和支护桩发生碰撞。

处理方案：设计阶段，尽量避开在此区域敷设管线。若必须经过时，尽早提醒业主和施工单位注意后期室外工程施工时的冠梁和支护桩破拆工作。

问题二：市政接驳口不匹配问题。室外工程通常处于整个工期的后段，在接驳市政管网时可能会出现市政给水接口位置不准确，雨污水接口埋深不足等问题。

处理方案：作为设计依据，市政的接驳条件是项目开始之初业主必须提供的。然而很多是社区或水务提供的设计图，与现场实际条件可能存在偏差，建议采取管线探测工作，将探测成果与市政设计图比对，并尽早将不符合条件的接口同市政部门沟通，确定合理的市政接驳方案，避免返工。

问题三：地下室漏水是施工过程甚至竣工后使用过程中常出现的问题，一般此类问题主要是建筑的防水工程不合格，或者预留开孔封堵不合格所导致。

处理方案：从给水排水专业角度考虑，有以下几个方面可以去尽量避免此问题。一是清晰注明防水套管的位置，监督施工单位在预留和封堵阶段严格按照正规施工流程作业。二是穿出室外的防水套管位置需结合当地条件考虑，当地下水水位低于侧墙套管标高时，尽量设置在地下室侧墙穿出，避免穿顶板。当地下水水位很高时，应尽量减少穿外墙管道，同时严格采取防水措施。

问题四：雨篷遗漏排水措施。

处理方案：办公建筑主出入口通常都会设有雨篷，需结合建筑和幕墙专业为雨篷排水管安装空间留出条件。

问题五：装饰改造阶段遇到喷头点位无法满足吊顶布置，需大量拆改喷淋支管。

处理方案：当平面布局在小范围或单间、办公室等改动时，且为中危险Ⅰ级以下的湿式系统时，可以考虑末端喷头连接支管采用金属软管，便于局部点位灵活调整，有效提高施工效率。此类做法可以避免大量末端管道的拆改工作，但应符合《自动喷水灭火系统设计规范》GB 50084—2017 第 8.0.4 条的要求。若改造面积较大，或末端无法使用软管时，尽量利用支管上的四通接口作为拆改点，合理布置喷头，可以减少对主干管的改动。

4.4.2 机电管线综合吊顶排布问题

地下室和避难层的机电管线排布对安装和净高控制是个挑战,特别是当走道宽度有限、管线排布达到 2 层以上时,应考虑综合管线预留出一定净空确保安装和检修空间。可在两侧尽量布置多层管道,见图 4-14。

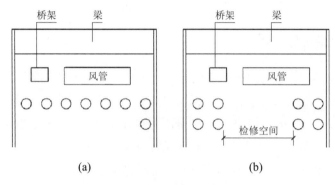

图 4-14　走廊管道剖面布置示意

因此,设计前期应加强专业间图纸交圈工作,对重点区域,如管线重叠、大梁位置、密集走管的后勤走道区域进行管综复核。建议进行 BIM 建模来优化机电管线,施工前进行管线预排布,施工单位和设计单位紧密配合,避免现场安装出现问题。

4.4.3 机电设备预留条件问题

问题一:很多超高层的竖向交通会分为多个区,电梯在中间设备层会设有机房或冲顶,通常上层对应位置会有设备管井落下,造成设备管井与电梯机房冲顶高度冲突。

处理方案:设计阶段需同建筑专业以及电梯顾问共同商讨,尽量利用避难层或设备层作为电梯机房,同时机房上层留出充足的转换空间用来转管。

问题二:很多超高层建筑会在屋顶配备擦窗机。设备轨道可能会与高位水箱发生冲突。

处理方案:设计阶段需同建筑专业和设备厂家合作,尽量利用屋顶的竖向空间,与擦窗机及其轨道错层布置,同时考虑预留擦窗机给水接口。

问题三:喷淋信号阀位置设置于租户内,检修不便。

处理方案:尽量将信号阀和水流指示器设置在水井或其附近,既可以避免后期维修进入办公租户区,同时利于泄水阀排水。

问题四:冷却塔集水盘补水不稳定。一般冷却塔集水盘补水采用浮球阀控制进水,当采用工频泵为冷却塔集水盘供给时,因集水盘水位浅,且受到室外环境影响,集水盘水位波动明显,导致水泵需频繁启动。

处理方案:水泵可采用变频泵并配备气压罐,以应对补水随机性强的问题。对于已采用工频泵补水的项目,可以考虑设置调节水箱并配合液位控制系统,远程控制水泵启停。

由水箱为集水盘补水，水泵补充水箱。当水箱水位下降至一半时，启动水泵为水箱补水，可有效减少水泵频繁启动。

4.5　典型办公建筑给水排水设计案例

4.5.1　工程概况

项目为某综合办公建筑，总建筑面积约 213164.53m²；建筑限高 300m，地上约 57 层，地下 4 层。其中：顶层会所 3000m²，塔楼办公 128029m²，裙楼及地下一层商业 19574m²。地下 4 层，包括地下一层商业、地下二层至地下四层车库及机电设备用房。

本节仅对办公部分进行阐述。

4.5.2　给水系统

1. 供水水源

本项目的供水水源为市政给水管网，市政水压为 0.30MPa。有两路进水管，从两条市政路分别引一根 *DN*250 进水管，在项目内成环布置，供项目的生活用水及消防用水。其中，裙房商业、地下室生活用水由市政管网直接供给，塔楼生活水箱设于地下一层的生活水泵房内。

2. 系统方案

3 层及 3 层以下由市政供水管网直接供水；其余均采用水箱、水泵联合供水，竖向考虑减压分区，分区压力为 0.45MPa，超压部分采用减压阀减压。具体的给水分区及供水方式见表 4-5。

给水分区及供水方式　　　　　　　　　　　　表 4-5

分区名称	分区范围	供水方式
0 区	地下 4 层～3 层	由市政优质水管网直接供水
1 区	4～8 层	由 30 层 25m³ 生活水箱重力供水
2 区	9～13 层	
3 区	14～19 层	
4 区	20～25 层	
5 区	26～31 层	由 55 层 25m³ 生活水箱重力供水
6 区	32～37 层	
7 区	38～44 层	
8 区	45～51 层	
9 区	52～59 层	由 55 层生活变频泵加压供水

3. 用水计量

地块室外设置一级水表计量，分别位于两个市政接口处，各采用一组水表供市政计量。

二级水表计量在建筑内各不同使用性质的用水点，主要包括商业、办公、会所、绿化、水景、人防给水引入管，地下车库冲洗等分类计量用水。在厨房、卫生间、机房、冷却塔补水用水点均设置三级计量水表。

本项目冷却塔位于裙房屋顶（4层），冷却塔补水正常情况下由市政直供，市政管网事故时，临时由地下室1层泵房内冷却补水变频设备加压提供，冷却塔补水立管顶部设置真空破坏器，防止虹吸倒流，冷却补充用水储存在生活水箱中。

4.5.3 再生水系统

本项目设置再生水系统，主要以办公楼卫生间盥洗废水为水源，空调冷凝水由专用冷凝水排水立管收集后接至地下四层再生水池中回用。经过设置于地下四层的废水处理机房集中处理后，用于10层及以下所有卫生间冲厕用水。

再生水系统用水点处设置误接、误饮、误食标志，再生水冲洗阀门和用水口设置带锁装置。再生水管道应在其外壁模印或打印明显耐久的"再生水"标志，水池（箱）、阀门、水表及冲洗浇灌龙头均应有明显的"再生水"标志。

4.5.4 排水系统

1. 排水体制

本项目排水体制采用雨污分流制，雨水经室外管道汇集后排至市政雨水管网；污废水由管道收集后排至室外化粪池，经化粪池处理后排入市政污水管网。

2. 污废水排水

本项目塔楼以上为污废分流排水；裙房、地下室卫生间排水按污废合流方式设计；地下室卫生间污水由一体式污水提升装置提升排至室外污水管道；地下室废水排入集水坑经潜污泵提升排至室外排水管道。餐饮厨房含油废水在厨房内一次隔油后再排入地下室成品隔油设备，经处理后提升排至室外污水管道。裙房厨房排水立管单独设置。

3. 通气管系统

塔楼公共卫生间的生活污水和废水立管共用一根通气专用立管。所有隔油器的污水提升设备均设通气立管。这些通气立管就近汇合成两个根通气主立管，分别接入两根塔楼公共卫生间通气立管；连接卫生器具多的排水横管按照规范设置环形通气管。通气立管隔层分别与排水管连接，以降低高峰排水时排水管道内压力波动对系统的影响。

汇合通气管排气能力需考虑各汇入管道的截面后，按规范经计算确定通气管管径。

4.5.5 雨水系统

1. 雨水排水量

室外地面设计重现期取5年，降雨历时10min；屋面和下沉广场雨水设计重现期为

50年，并按100年重现期雨量校核，降雨历时5min。

2. 雨水系统排放方式

商业裙房屋面雨水采用虹吸雨水系统排放。

塔楼屋面雨水采用重力流雨水系统排放。

下沉广场雨水采用压力流系统排放，于下沉广场周边设置集水坑收集后，利用潜污泵提升后排往市政雨水管网。

地下停车库出入口车道起端及末端加设雨水截水沟，经管道收集到地下室雨水坑后，利用潜污泵提升后排往市政雨水管网。

3. 室外雨水系统

室外雨水采用分散式雨水口、排水沟收集，并根据市政雨水接口位置、标高分别排放至项目周边市政雨水管网。位于地下四层的雨水回用机房收集裙房雨水，收集处理后用于景观补水、绿化和车库冲洗。

4. 雨水收集利用

项目主要收集屋面雨水，将收集的雨水经处理后用于绿化浇洒，在雨量不充足的情况下采用市政给水补水。在处理池前端设置溢流堰式初期雨水弃流井，经弃流后的雨水进入雨水收集水池，然后经过滤沙缸过滤和紫外线消毒器杀菌后送入绿化、浇洒系统。

裙楼屋面面积约为2498m²，回收汇水面积约为2894m²，最终算得全年收集雨水量3084m³。雨水回用系统最大日用水量为72.76m³，经计算，雨水回用系统的最大日用水量Q不足雨水径流总量的40%，故雨水需水量按雨水回用系统的3倍取值，取$V = 200m³$；雨水清水池按最高日用水量的25%～35%计算，取25%，清水池容积为18m³。

4.5.6 消防系统

1. 地块消防用水量

地块消防用水量计算见表4-6。

消防用水量以及相关设置 表4-6

序号	系统名称	用水量标准（L/s）	火灾延续时间（h）	用水量（m³）	备注
1	室外消火栓	40	3	432	
2	室内消火栓	40	3	432	由屋顶机房层消防水池供水
3	自动喷水	50	1	180	由屋顶机房层消防水池供水（包含水炮系统用水量）
4	大空间自动扫描射水高空水炮	20	1	72	由屋顶机房层消防水池供水（与自喷水量重叠）
5	一次灭火用水量			1026	
6	地下室消防水池储水量			100	消防转输水量100m³
7	屋顶层消防水池储水量			612	储存室内消火栓及自动喷淋水量

地下 1 层设置 100m³ 消防水池，经地下 1 层消防泵房设置的消防转输泵组（两用一备）供水至 30 层设备层的 60m³ 消防转输水箱；经 30 层消防泵房设置消防转输泵组（两用一备）供水至屋面机房层的 612m³ 消防水池。

2. 地块消防水源

室外消火栓给水系统利用市政管网压力，采用低压制消火栓系统，消防水源分别来自两条不同的市政路，于地块内设置两组消防总表，总表后室外消防管成环布置，满足地块两路消防用水要求。

3. 地块室外消火栓系统

室外消火栓系统采用低压给水系统，由市政供水管网直供，室外消火栓沿首层外围消防车道设置，成环状布置。

4. 室内消火栓系统

本工程室内消火栓系统采用常高压给水系统，根据室内消火栓栓口静水压不超过 1MPa 进行竖向分区的原则，消防系统竖向分区见表 4-7。

消防系统竖向分区 表 4-7

分区名称	分区范围	供水方式	备注
1 区	地下 4～3 层	由屋面消防水池重力供水，减压水箱及减压阀减压	高压系统
2 区	4～16 层		
3 区	17～30 层	由屋面消防水池重力供水，减压阀减压	
4 区	31～43 层		
5 区	44～50 层	由屋面消防水池重力供水	
6 区	51～59 层	由 60 层机房层消火栓泵加压供水	临时高压系统

除消火栓 6 区由消火栓加压泵（一用一备）加压供水，其余消防分区由屋面消防水池进行重力供水。30 层设置 48m³（均分两格）消防减压水箱。消火栓 6 区临时高压系统平时系统压力由屋面机房层消火栓增压稳压设备维持。

压力超过 0.5MPa 的消火栓采用减压稳压型消火栓，阀后压力控制在 0.35～0.5MPa。

5. 自动喷水灭火系统

本项目地下车库按中危险 Ⅱ 级设计，喷水强度 8L/(min·m²)；作用面积 160m²，采用泡沫喷淋灭火系统；中庭及净高在 8～12m 的部分按非仓库类高大净空场所设计，喷水强度为 6L/(min·m²)，作用面积为 260m²；持续喷水时间 1h；塔楼办公按中危险 Ⅰ 级设计，喷水强度：6L/(min·m²)；作用面积 160m²；持续喷水时间 1h。

系统分区常高压部分与消火栓系统相同，仅 6 区临时高压系统是由 55 层机房喷淋加压泵（一用一备）供水，平时系统压力由屋面机房层喷淋增压稳压设备维持。

本项目喷头除了地下室车库外均采用快速响应喷头。地下车库、厨房及吊顶内采用直立型喷头，商业、餐饮、走道、办公吊顶下布置的喷头采用吊顶型喷头，喷头公称动作温度除厨房为 93℃，吊顶内为 79℃外，其余均为 68℃。吊顶内喷头布置均按照结构模板布置，于干管上预留若干处吊顶下喷头接口。

1 区、2 区室内消火栓系统和喷淋系统分别设 3 套水泵接合器，供消防车向室内消火栓和喷淋系统供水；3 区及以上室内消火栓和喷淋系统设 3 套水泵接合器，由消防车及手抬泵向室内消火栓和喷淋系统供水，同时可接入 30 层转输水箱。

6. 大空间自动扫描射水高空水炮系统

本项目办公楼大堂、空中大堂等净高大于 12m 的位置，大空间智能灭火系统设计流量为 20L/s；单个水炮的流量为 5L/s，工作压力 0.6MPa；火灾延续时间 1h。水炮保护半径为 20m，安装高度为 6~20m。高空水炮系统设水泵接合器与自喷系统水泵接合器合用，供消防车向水炮系统供水。

7. 气体灭火系统

本项目高低压变配电室、变压器、通信机房等设置七氟丙烷气体灭火系统，根据保护房间的面积分设管网式或柜式。

对电井采取消防加强措施，设置火探管自动探火灭火系统。设计范围包括塔楼及裙房强电间内的配电柜及电缆槽。采用组合分配原则对系统进行保护。

营业面积大于 500m² 的餐饮场所的厨房设置厨房专用灭火设施，所有厨房内排烟罩均设 ANSUL 专用灭火装置，由专业厂家深化设计。

8. 建筑灭火器配置

1）地下车库按 B 类火灾，严重危险等级，MF/ABC6 配置；

2）变配电房等处按 E 类火灾，严重危险等级，MFT/ABC20 配置；

3）办公按 A 类火灾，严重危险等级，MF/ABC5 配置；

4）建筑面积在 200m² 以下的公共娱乐场所，设有集中空调、电子计算机、复印机等设备的办公室，按 A 类火灾，中危险等级，MF/ABC5 配置；

5）建筑面积在 200m² 以上的公共娱乐场所，按 A 类火灾，严重危险等级，MF/ABC5 配置。

4.6 本章小结

随着经济发展，办公建筑的功能也不断拓展。很多地标都是依托写字楼为基本功能，继而拓展出附带商业、酒店、会所等多种功能的超高层综合办公建筑，具有很大的影响力，相应地对设计也有较高的要求。不论从机电系统的产权分割，给水、消防系统分区，避难层和设备机房的设置以及核心筒管井的布置，都会对整个建筑的使用体验和运营成本造成很大的影响。设计时需要充分理解开发商的诉求，结合当地法规，为办公人员创造出安全的工作环境，同时为后期运维打造高效经济的系统。

第 5 章

酒店建筑给水排水设计

5.1 酒店建筑分类

酒店建筑的类型众多，对于酒店建筑类型的划分并无统一标准，分类方法较多，主要有以下 8 种分类方法。

5.1.1 根据客人访问目的划分

1. 商务型酒店

商务型酒店是以商务客人而非旅游度假客人为主的酒店，商务客人的比例一般不低于 70%，设施和服务以商务为主，如会议室、商务中心、高速上网、传真、复印等服务。

2. 度假型酒店

度假型酒店主要是为宾客旅游、休假、开会、疗养等提供食宿及娱乐活动的一种酒店类型，一般都建在风景优美的地方。

3. 会议型酒店

会议型酒店是接待会议最主要的场地。会议型酒店主要是指那些能够独立举办会议的酒店，某些业界人士甚至认为接待会议的直接收入至少应该占到会议型酒店主营收入一半以上的份额。

4. 旅游型酒店

旅游型酒店一般建设在旅游景观内部或附近，主要接待旅游团体住宿为主，大多提供与景点门票进行绑定的业务，以满足游客旅游兼住宿的需求。我国的星级酒店大多数都是旅游型酒店。

5.1.2 根据酒店坐落地点划分

1. 城市酒店

城市酒店主要建设在城市内，也称为都市酒店。这类酒店利用城市商业密集、流动人口大等优势而建造。都市酒店分低、中、高级，规模大小不同，用途有商用、旅游、会议等，是现代都市的重要组成部分和美丽的风景线。

2. 胜地酒店

胜地酒店一般都建设在度假胜地内部，除了提供住宿、餐饮和其他基本设施外，还提供放松和娱乐的场所。

3. 海滨酒店

海滨酒店建设在海边或临海区，以提供海滨住宿、度假、休闲服务为主的酒店。

5.1.3　根据交通设施的关系划分

1. 汽车酒店

汽车酒店是 Motor Hotel 的音译。汽车酒店与一般酒店最大的不同点，在于汽车酒店提供的停车位与房间相连，一楼当作车库，二楼为房间，这样独门独户为典型的汽车酒店房间设计。

2. 铁路酒店

为适应铁路旅客换乘及逗留需要建设在铁路站点附近的酒店，专供旅客作短暂住宿、用餐之用，是铁路周边重要的综合服务设施。

3. 机场酒店

机场酒店是随着近年来航空事业的发展而产生的，是为适应大型国际机场过境游客的需要而设的，专供他们作短暂住宿、用餐之用；同时，其也有普通酒店的综合服务设施。机场酒店因在机场附近而得名，主要是为一些大型航空公司和暂时停留的乘客提供舒适、方便的住宿、饮食服务，客人在机场酒店停留的时间多在 1d 左右。

4. 港口酒店

港口酒店都建设在各大港口附近，根据地理位置不同，港口酒店分为海港酒店、河港酒店等。港口酒店以优越的地理位置及精美的装饰和设施著称。

5.1.4　根据逗留期的长短划分

1. 中转型酒店

在行程中间为旅客提供飞机等交通工具中转而临时住宿的酒店，旅客经过短时间的休整，继续启程前往目的地。

2. 目的地型酒店

目的地型酒店是指来这里度假的旅客往往是经过了几个小时甚至十几个小时的行程后，最终下榻的度假酒店。

5.1.5　根据设施及服务范围划分

1. 综合型酒店

综合型酒店是指同时接待观光游览、会议、商务、度假等客人的酒店。综合型酒店一般功能齐全，能提供全方位的服务，从而适应各种类型宾客的需要，这类酒店大多数是旅游业发展过程中较早出现的酒店，在当地承担主要接待任务。

2.公寓型酒店

公寓型酒店就是设置于酒店内部，以公寓形式存在的酒店套房。这种套房的显著特点在于，其一它类似于公寓，有居家的格局和良好的居住功能，有厅、卧室、厨房和卫生间；其二它配有全套家具与家电，能够为客人提供酒店的专业服务，如室内打扫、床单更换及一些商务服务等。

5.1.6 根据酒店规模划分

1.大型酒店

大型酒店是指客房数量超过100间的酒店，拥有完备的设施和服务，一般都配有会议室、健身房、游泳池等设施，服务范围广泛，适合商务人士、团体旅游等客户。

2.中型酒店

中型酒店一般客房数量在50~100间，设施较为简单，价格适中，适合自由行旅客或个人商务旅行。

3.小型酒店

小型酒店客房数量在50间以下，设施和服务相对简单，价格较低，适合预算有限的旅客或背包客。

5.1.7 根据酒店等级划分

世界上酒店等级的评定多采用星级制，我国是根据《中华人民共和国旅游涉外饭店星级评定的规定》，按一星、二星、三星、四星、五星来划分酒店等级的。五星级为最高级。在五星级的基础上，再产生白金五星。

酒店的星级是按其建筑、装潢、设备、设施条件和维修保养状况、管理水平和服务质量的高低、服务项目的多少进行全面考察综合评价后确定的。

5.1.8 根据经营管理方式划分

1.独立酒店

独立酒店又称单体酒店，指由个人、企业或组织独立拥有并经营的单个酒店企业。独立酒店是传统酒店形式，其特点是单独、分散地存在于各个城市和地区，独立地进行营销活动和管理活动，不属于任何酒店集团，也不以任何形式加入任何联盟。

2.连锁酒店

连锁酒店是指以加盟经营模式运营的酒店，连锁酒店一般都具有全国统一的品牌形象识别系统、全国统一的会员体系和营销体系，价格相比较很有优势，符合大众化消费。

5.2　酒店建筑给水排水设计重难点问题分析

5.2.1　水量需求大

酒店建筑的客房、餐厅、会议室等场所需要大量的用水，因此给水系统需要考虑到水量的需求，保证水压稳定，水量充足。国际品牌五星级酒店设计指南中对储水量有原则性要求，一般要求储存 6~24h 的用水量。

从理念上分析，这么大的储水量是在市政断水的情况下，可以保证酒店各用水系统的全面正常运行，但这也大大提高了投资成本。

以万豪标准为例：一般城市酒店不设主洗衣房时，最低总储水量为 380L/客房；设洗衣房时，最低总储水量为 570L/客房，度假酒店最低总储水量为 760L/客房，都远远高于规范要求。

5.2.2　水质要求高

酒店建筑的给水系统需要保证水质符合卫生标准，同时还需要考虑到客人的舒适度和健康安全，因此，酒店建筑的给水系统需要采用高效的净水设备和管道材料，确保水质达到标准。

国际品牌五星级酒店设计指南中对各类水质指标均有明确的规定，以硬度为例，生活用水要求控制在 150mg/L 以内，洗衣房为 50mg/L 以内，厨房洗碗机用水 50mg/L 以内，制冰机及咖啡机用水为 0。因此，在自来水硬度不达标的城市，需要设置软化设备进行处理。

国际品牌五星级酒店在国内北方地区主要城市比较典型的供水流程：市政自来水→原水调节池→提升（反冲洗）泵→砂滤→活性炭过滤→软水器软化及混合→供水（软水）水箱→水箱消毒→紫外线消毒器→分区供水设备→用水点。

生活给水消毒常见方式有臭氧消毒、次氯酸消毒、紫外线消毒；酒店生活水箱储水量比较大时，常规消毒方式为次氯酸 + 紫外线消毒。

5.2.3　热源选择多

在酒店热源选择方面，考虑到供热安全稳定性的要求，一般酒店方愿意选用锅炉（燃油、燃气等锅炉）供热，但考虑到绿色环保和节能等方面的要求，倡导采用热泵（空气源、水源、地源等热泵）、太阳能等绿色能源供热，典型的如深圳市已经明确要求不能采用制热量超过 99kW 的锅炉集中供热。

辅助热源上，一般采用电辅热或燃气辅热为主。为更进一步实现节能目的，部分项目还要求做空调余热回收用于生活热水的预热。

5.2.4 供水分区

国际品牌五星级酒店要求供水系统最不利点末端水压一般为 0.25～0.55MPa，高于《建筑给水排水设计标准》GB 50015—2019 的相关要求。

由于在客房区域一般使用附带头顶花洒或具备针刺等附加功能的高端淋浴器，因此预留较高的末端供水压力是保证淋浴器正常使用的一个必备条件，而国家现行规范要求各分区最低卫生器具配水点处的静水压不宜大于 0.20MPa，两者的数据结合使得供水分区普遍多于常规设计。

5.2.5 机房设置

国际品牌五星级酒店原则上要求酒店给水机房完全独立设置，与其他业态给水机房分开。但如果建设方有较强的综合体物业管理团队，酒店管理方也会视沟通情况接受如下两种方案：

一是同意共用机房但供水设备独立设置，空间上要求酒店/非酒店供水设备的位置分割，便于双方物业各自管理。

二是同意共用机房也同意供水设备合用，但要求进行严格的计量，保证酒店用水费用可以单独核算。

由于这两种方案可能会对后期运营带来较多纠纷，酒店管理公司一般不会同意在新建酒店中实施。

5.2.6 排水系统复杂

酒店建筑的排水系统设计相对复杂，需要考虑到不同场所的排水需求，如客房、餐厅、厨房、浴室、游泳池等。同时还需要考虑到排水管道的布局、管径、坡度等因素，确保排水畅通。

5.2.7 热水出流时间

国际品牌五星级酒店要求客房区热水出流时间为 3s 之内，裙房区一般可放宽至 8s。综合考虑客房管井内立管甩口至最远端洁具接驳点的累计长度，客房区标准卫生间一般需要热水支管循环或局部加电伴热，才能满足 3s 内出流。除非末端恰好是浴缸，在此情况下根据和酒店方的协商，可少量放宽至 5s 以内。热水出流时间的控制，直接体现了国际五星级酒店的品质。

5.2.8 直饮水系统

由于国内客户普遍没有直接饮用酒店客房提供的直饮水的习惯，因此造成实际使用率很低。如酒店设置集中的直饮水系统，不仅造成能源的浪费，而且可能存在卫生安全隐患。

结合国内的实际情况，国际品牌五星级酒店近几年一般都可以接受不设置集中直饮水的设计方案。

5.2.9　环保要求高

酒店建筑的排水系统需要符合环保要求，避免对环境造成污染。因此，排水系统需要采用高效的污水处理设备和管道材料，确保排放的污水达到标准。

5.3　酒店建筑常用给水排水系统

5.3.1　酒店给水系统

1. 变频加压给水系统

变频加压给水系统是指所有供水分区均通过地下室变频供水设备直接加压供给的系统，如图 5-1 所示。

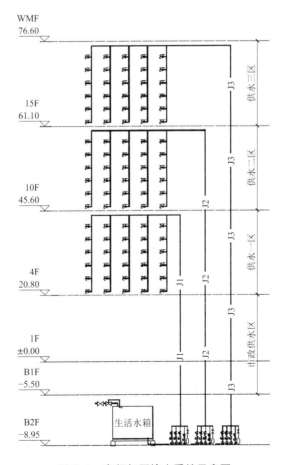

图 5-1　变频加压给水系统示意图

一般适用于高度较低的酒店，生活水箱和加压设备均放在地下室，换热设备等压力容器安全隐患较小，酒店用水区域不设加压设备，运维和管理比较方便。

2. 水箱重力给水系统

水箱重力给水系统是指在酒店避难层或屋面设生活水箱，由地下室工频泵组将水提升至该水箱之后，通过重力供至酒店各分区，超压的分区设减压阀减压，若顶部分区压力不足，需设变频加压泵组升压，如图5-2所示。

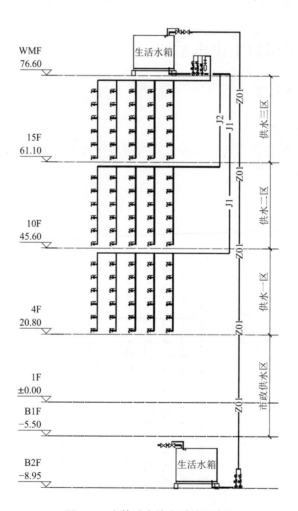

图5-2 水箱重力给水系统示意图

水箱重力给水系统一般适用于高层酒店或酒店设在综合楼的某些区域，重力给水系统供水更加稳定，星级酒店采用重力给水系统的比较多。

3. 上行下给与下行上给

酒店生活供水系统中，根据配水主管位于分区顶部或底部区分为上行下给和下行上给两种方式，如图5-3所示。

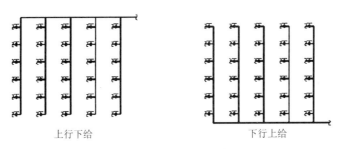

图 5-3　上行下给和下行上给示意图

考虑到酒店热水一般与给水系统同源同程，如果采用下行上给方式容易产生气蚀噪声，并且每根立管顶部都要增加自动排气装置和真空破坏器，所以一般优先采用上行下给的供水方式。

5.3.2　酒店热水系统

1. 酒店热水系统常见术语

开式闭式系统：酒店热水一般是将生活冷水与不同热源进行热交换以后形成的，根据热交换时冷水是否泄压可分为开式系统和闭式系统。

冷热水同源：根据冷热水是否来自于同一加压设备，可分为同源热水系统和不同源热水系统（图 5-4）。一般同源热水系统其冷热水供水压力也是相同的，多为闭式热水系统，不同源热水系统一般供水压力也不相同，多为开式热水系统。

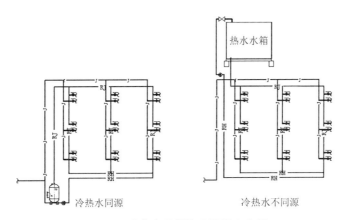

图 5-4　冷热水同源和不同源示意图

同程异程系统：根据热水系统中任意一点供水管和回水管的长度是否相同，可分为同程系统和异程系统（图 5-5）。异程系统的回水容易形成短路，使用时要采用特殊配件阀组。

干管回水和支管回水：热水系统中回水管从热水立管末端开始回水的方式称为干管回水，回水管从用水点（水表或阀门）处回水的方式称为支管回水。干管回水和支管回水系统示意见图 5-6。支管回水会多一条回水干管，同时支管回水可做到器具末端回水，供水效果是最好的。

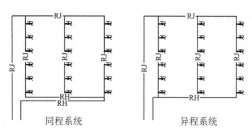

图 5-5　同程和异程系统示意图

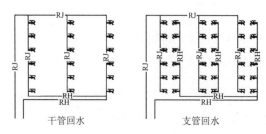

图 5-6　干管回水和支管回水示意图

2. 分散式热水给水系统

一些对热水品质要求不高的快捷酒店、公寓式酒店等，很多都不设集中热水给水系统，而是采用分散式热水给水系统，热源一般为燃气热水器、空气源热水器、电热水器等。

对热水品质要求高的酒店，则需要设集中热水给水系统。

3. 下行上给同源异程闭式系统

下行上给同源异程闭式系统示意见图 5-7。

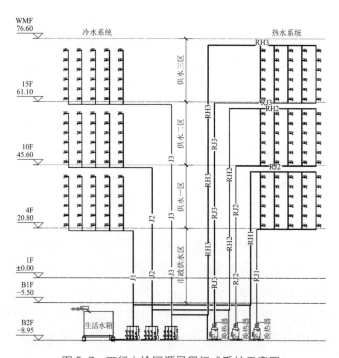

图 5-7　下行上给同源异程闭式系统示意图

4. 上行下给同程不同源开式系统

上行下给同程不同源开式系统示意见图 5-8。

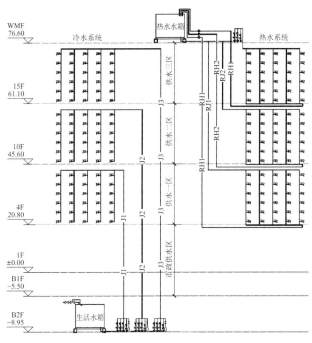

图 5-8　上行下给同程不同源开式系统示意图

5. 上行下给同程不同源闭式系统

上行下给同程不同源闭式系统示意见图 5-9。

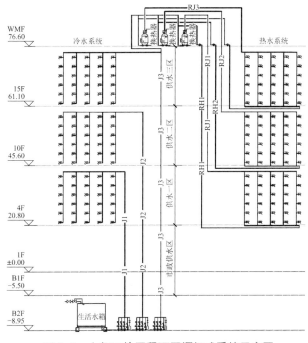

图 5-9　上行下给同程不同源闭式系统示意图

6. 上行下给同程同源闭式系统

上行下给同程同源闭式系统示意见图 5-10。

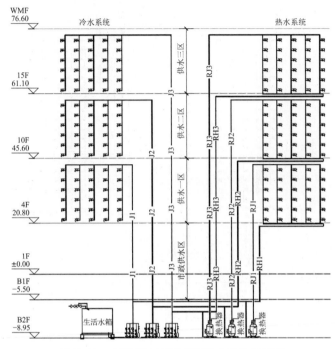

图 5-10　上行下给同程同源闭式系统示意图

5.3.3　酒店排水系统

酒店排水系统与普通建筑基本一致，但对于高端酒店来说，会有更严格的要求，例如：为避免地漏返臭问题需采用污废水分流排水，为提高排水效果降低排水噪声采用器具通气等。

1. 污废合流排水

污废合流排水就是将马桶排水（污水）与地漏、洗手盆、沐浴地漏及卫生间地漏排水（废水）共用一套排水系统排放的方式。

污废合流排水适用于大部分中低端酒店，优点是少设一根排水立管，占用管井面积小、造价低等；缺点是地漏如果水封干涸，通过地漏返臭时，对环境质量影响会更大。

2. 污废分流排水

污废分流排水就是将马桶排水（污水）与地漏、洗手盆、沐浴地漏及卫生间地漏排水（废水）分设立管排放的方式。

污废分流排水适用于中高端酒店及对环境要求比较高的酒店，优点是排水效果好且在水封干涸时返臭对环境影响小；缺点是会多一根排水立管，占用管井面积大、造价也会更高一些。

3. 器具通气管

对卫生标准和噪声要求更高的酒店，还会要求马桶设器具通气管，即在各个卫生器具存水弯出口端设置通气管，该通气管与环形通气管相接（图 5-11）。

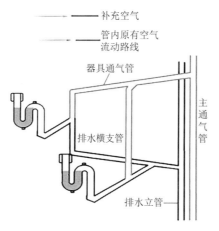

图 5-11 器具通气管示意图

设有器具通气管的排水系统，在排水过程中不仅降低了排水噪声，排水速度也会有大幅提升。

5.4 工程实施过程中常见问题及处理

5.4.1 排水噪声问题

1. 排水横管在楼板上方

排水管的噪声，主要来源于排水横管，尤其楼上大便器下的排水横管噪声最大。因此，最好将排水横管设计在楼板上方。把卫生间楼板的标高降低 350～400cm。这样，不但排水管噪声的问题解决了，卫生间其他管路的埋设问题也都迎刃而解。当然，以上做法也有它的不足之处。比如排水横管或给水管如果漏水不容易被发现。

卫生间内所有给水管道要经水压试验合格后方可暗封管道。排水管道填埋前必须做闭水试验。卫生间下沉池内要把防水做结实，也要做闭水试验。卫生间埋设层上部还应做一道防水层。

2. 排水横管在楼板下方

如果建筑排水横管已经设计在楼板下的，那只能用隔声棉包裹排水管来解决噪声问题。并且在排水管下部安装吊顶，吊顶内设置隔声板。这样，排水横管的噪声可以大大降低。

3. 排水立管的噪声问题

如果是已经完工的排水立管或旧的排水立管，只能用隔声棉包裹排水管来解决噪声问题。

如果是在设计阶段，可以通过选材来解决噪声问题，如选择芯层发泡 UPVC 管道、

UPVC 螺旋管、铸铁排水管等，能明显降低噪声。

目前，市面上有一种超级静音排水管。管材中加入了特殊吸声材料，噪声则更低。

5.4.2 厨卫返臭问题

厨卫返臭现象是困扰酒店的一大难题，分析原因主要是以下三个方面造成的：

1. 地漏不设存水弯

很多酒店的排水设计中地漏下不设存水弯，造成排水管路直接与室内相通，尤其室外变天，大气压发生变化时，返臭味现象更加严重。

解决这个问题只能加装防臭地漏。

2. 存水弯水封被破坏

存水弯水封被破坏是造成厨房、卫生间臭气最主要的原因。

存水弯与卫生器具出口安装高度要适中，自虹吸对水封的破坏是卫生器具放水时产生虹吸作用的结果，水封破坏与存水弯上支管长度有关，上支管增长有利于水封的保护。

横支管的设计坡度应符合设计规范要求，存水弯下支管的排水坡度和流速也影响着水封的保护，即下支管坡度越大，管内流速也越大，则上支管内补气越不及时，使得水封得到一定的保护。

排水支管管材宜采用光滑管道来提高排水支管的流速，这样有利于对存水弯水封的保护。排水立管宜采用粗糙管或内螺纹管，因为排水立管内壁越光滑、流速越快，管内产生的负压就越大，对水封的破坏也就越大。约束排水立管内产生的负压，正是为了保证水封不被破坏。粗糙管或内螺纹管也易于破坏掉立管内形成的水塞。

3. 排水管路堵塞

由于室外排水管路部分堵塞或倒坡，造成外排水井压水，排水管内污水由重力流变为压力流，排水管处于全充满状态。管道内的有害气体无法随水流正常排出，造成大量有害气体在管道内聚集。当管道内大量冲水时，产生的气压破坏水封导致有害气体进入室内，产生难闻臭味。

5.4.3 排水管埋深问题

在室外排水工程中，常会遇到排水管或排水检查井做浅的现象。这其中有施工错误造成的，也有因市政排水管网埋深不够形成的。不论什么原因，在北方地区，排水管或排水检查井埋深不够，冬季很容易导致排水管内污水的冻结，从而造成排水管路的堵塞。

解决方法：第一，将所有做浅了的管道用保温材料包裹或将管道周围的土换填保温土；第二，将排水检查井的周围也换填为保温土；保温材料和保温土的厚度根据当地的自然气候条件和冻土深度及保温材料的导热系数来确定；第三，排水检查井内增设保温井盖。通过以上处理，可以解决因排水管及检查井埋深不够造成排水管路冰冻堵塞的问题。

5.4.4　其他常见问题

1）工频水泵横管过长时，管道容易出现振动，即常见的水哨问题。

解决方法：将工频泵改为变频泵或设置减振支架。

2）小水量远距离热水供水，导致管路失温。

解决方法：可采用电伴热保温。

3）厨房大水量冷热水供水设计流量，与实际使用水量偏差较大。

解决方法：应按器具同时使用概率计算水量，否则计算水量偏小。

4）热水水温保障措施。

解决方法：供水主管翻弯处设置排气阀、立管增设排气阀，回水管主管不变径，增大回水泵流量等。

5）运行期间如何减少运行费用。

解决方法：回水泵的温控阀设置在最不利供水末端而非回水末端，避免回水管过长温降过多导致回水泵一直运行。

6）热水储水滞水区和水温分层。

解决方法：选择无滞水的储水罐。

7）恒温供水方式。

解决方法：使用恒温阀。

8）厨房排水隔油量过大。

解决方法：分质排水，将含油水和非含油水分开排放。

9）卫生间热水 3s 出流。

解决方法：采用支管回水的方式。

10）客房顶层的吊顶内因布置给水、热水、消防供水干管而导致管道安装空间远大于客房标准层，带来顶层净高问题。

解决方法：建议顶层比标准层层高增加 100～200mm，顶层吊顶与标准层一致。

5.5　典型酒店建筑给水排水设计案例

5.5.1　珠海富华里酒店

1. 项目概况

珠海富华里酒店占据未来拱北商贸中心核心位置，是珠海三旧改造中拱北商贸中心的首个项目，临近吉大、前山两大板块，北临珠海市东西向主干道九洲大道，西临白石路，东、南向为规划道路，是城市新兴 CBD 商业地带。

项目紧邻横贯珠海东西城区的九洲大道，毗邻拱北口岸、九洲港码头、广珠轻轨拱北站、港珠澳大桥，享周边成熟配套设施的同时，坐拥立体交通网络，作为连接澳门、吉大、前山、横琴的中心支点，势必发展成为珠海新都市核心。

项目总用地面积 68220.55m²，总建筑面积为 307377m²，由 1 栋 32 层和 1 栋 36 层的办公楼、1 栋 19 层酒店、5 栋 29 层住宅、1 栋 28 层住宅以及 1 层商业组成。办公楼高度控制在 130m 和 150m，酒店 80m，住宅 91.30～97.5m。以下主要介绍酒店。

酒店 4F～19F 生活用水先由 B2F 酒店生活水泵转输至屋顶生活水箱，顶部 14F～19F 重力供水压力不足的楼层由屋顶生活水泵变频加压供给，9F～13F 由屋顶水箱重力流供给，4F～8F 由屋顶水箱重力流减压供给；裙房三层给水由商业给水环网市政直供，一、二层及地下室生活用水平时为市政直供，当市政压力不足或停水时由地下二层变频加压供给；酒店屋顶冷却塔补水由冷却塔专用变频泵加压供给。

酒店生活热水采用集中热水供应系统。热水供应系统采用容积式热交换器换热，采用机械式循环，热媒来自中央锅炉系统（锅炉系统由空调专业负责），同时考虑制冷机热量回收系统用于生活热水预热，酒店热水储存设计温度为 60℃。

2. 主要设置的系统及设计参数

酒店地下室生活泵房水箱容积为 176m³，屋顶水箱容积为 20m³，酒店生活最高日用水量为 320m³/d，生活最大时用水量为 36m³/h，酒店换热设备全部放在地下室，生活热水最高日用水量为 188m³/d（60℃），生活热水最大小时用水量为 22m³/h（60℃）。

热水系统采用全日制机械循环，每区设两台热水循环泵，互为备用，热水循环泵的启停由设在热水循环泵之前的热水回水管上的电接点温度计自动控制：启泵温度 50℃，停泵温度 55℃。

3. 主要系统简图

主要系统示意见图 5-12、图 5-13。

4. 工程特点介绍

酒店是单独的一栋楼，配套集中在裙房，酒店集中在塔楼，与其他功能区（住宅、公寓等）完全分离，各区换热设备均放在地下室，方便管理。

配套（3 层及以下）采用市政直供 + 变频给水转换，4 层及以上采用屋顶水箱重力供水（压力不满足楼层设置变频增压），但冷热水都采用的同程同源系统，保证了热水供水的可靠性和稳定性。

给水系统：在地下 2 层设酒店及办公、商业 2 个生活水泵房，酒店采用变频供水，办公工频泵加高位水箱采用重力供水。绿化、冲洗、浇洒用水由市政给水供给。

热水系统：酒店生活热水采用集中热水供应系统。热水供应系统采用容积式热交换器换热，采用机械式循环，热媒来自中央锅炉系统（锅炉系统由空调专业负责），同时考虑制冷机热量回收系统用于生活热水预热，酒店热水储存设计温度为 60℃。

排水系统：采用雨、污分流，其中酒店采用污、废分流，办公及商业采用污、废合流。

室内地下 1 层以上污废水重力自流排入室外污水管，地下室 1 层及以下污废水采用潜水排污泵提升后排至室外污水管道。生活污废水排至室外污水管集中，经化粪池处理后，就近排至市政污水管；餐饮厨房等含油废水经隔油池处理后排至室外污水管。屋面、裙房屋面雨水集中后排至室外雨水管道系统，室外地面雨水经雨水口收集，由室外雨水管汇集，排至市政雨水管。

5. 建成效果图或效果图

项目效果见图 5-14、图 5-15。

6. 获奖情况

该项目荣获深圳市第十七届优秀工程勘察设计评选（建筑工程设计）三等奖。

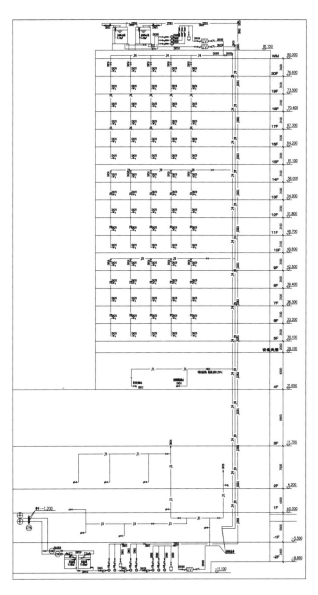

图 5-12　给水系统简图

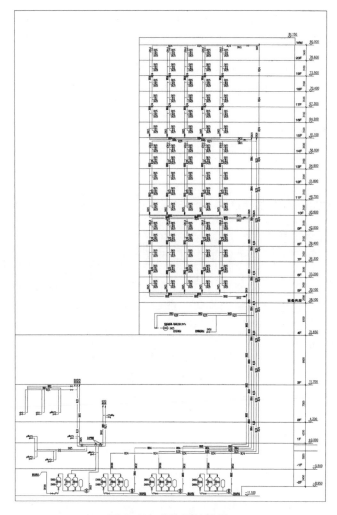

图 5-13　热水系统简图

图 5-14　立面效果图（一）

图 5-15　立面效果图（二）

5.5.2　深圳某五星级酒店

1. 项目概况

该酒店位于深圳市前海，为某 250m 超高层塔楼顶部 33F～55F 部分，标间 270 间、套间 54 间，酒店后勤位于地下室，酒店定位为五星级。

酒店 33F 和 45F 为避难层，34F 为酒店大堂，35F 为厨房及餐厅，36F 为行政酒廊，37F～44F 和 46F～55F 为酒店客房。

根据酒店业态分布情况，拟将 34F～36F 非客房部分设为第一供水分区、37F～42F、43F～48F、49F～55F 客房层分别设为第二、三、四供水分区。

按换热设备靠近用水中心的原则，拟将一区换热设备放在 33F 避难层、二三区换热设备放在 45F 避难层、四区换热设备放在屋顶设备层。热水主热源选用空气源热泵，集中设在屋顶设备层。因 35F 有酒店厨房，燃气可到达该层，所以 33F 避难层可通燃气，45F 避难层和屋顶设备层不通燃气，因此一区辅助热源为燃气热水器，二～四区辅助热源为电加热。

2. 主要设置的系统及设计参数

酒店位于大楼的顶部，其供水均为二次加压供给，且与办公等其他功能完全分开，酒店后勤区位于地下一层，由市政压力供水。

酒店生活用水原水处理流程如下：自来水→酒店原水水箱→砂缸过滤→活性炭过滤→加氯消毒→酒店净水生活水箱→酒店各处生活用水。

酒店最高日生活用水量为 580.11m³/d，最大时用水量为 65.83m³/h。地下 3 层酒店原水箱有效容积 335.4m³，净水箱有效容积 135.2m³，45F 避难层生活水箱有效容积 20m³，屋顶生活水箱有效容积 10m³。

生活热水采用 24h 集中热水系统，生活热水供回水温度为 60℃/50℃，空气源热泵将冷水从 10℃加热到 50℃，辅助热源将热水从 50℃加热到 60℃。热水系统各分区用水量和耗热量详见表 5-1。

各供水分区耗热量计算表　　　　　　　　　　　　表 5-1

热水分区	标间/套间（间）	最大时用水量（m³/h）	设计小时耗热量（MJ/h）	折算耗热量（kW/h）
一区	公共配套	8.90	1465.35	407.37
二区	90/18	3.80	625.13	173.79
三区	75/16	3.21	528.25	146.85
四区	105/20	4.38	722.01	200.72
合计	270/54	20.29	3340.75	928.73

3. 主要系统简图

主要系统示意见图 5-16、图 5-17。

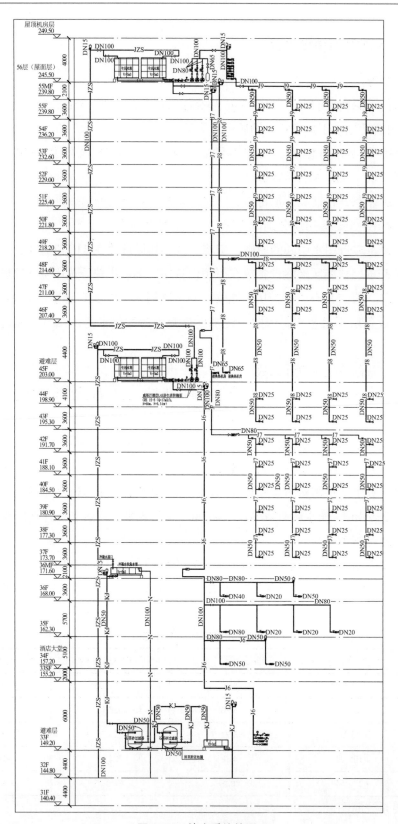

图 5-16　给水系统简图

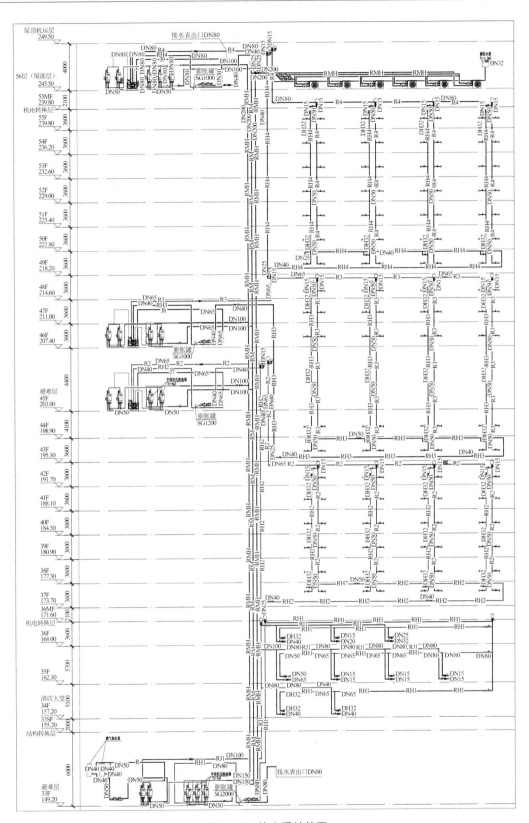

图 5-17　热水系统简图

4. 工程特点介绍

酒店位于超高层办公楼的顶部，后勤和配套在裙房和地下室，中间是超高层办公楼，是目前比较典型的酒店建设方式。

生活给水系统：在地下 2 层设酒店及办公、商业 2 个生活水泵房，酒店采用重力供水与变频供水相结合，办公采用工频泵加高位水箱重力供水。绿化、冲洗、浇洒用水由市政给水供给。

热水系统：酒店生活热水采用集中热水供应系统。热水供应系统采用容积式热交换器换热，采用机械式循环，热媒来自中央锅炉系统（锅炉系统由空调专业负责），同时考虑制冷机热量回收系统用于生活热水预热，酒店热水储存设计温度为 60℃。

消防系统：室外消防用水水源由市政给水管网供给，从九洲大道和白石路市政给水管上分别接入两条 DN300 给水管，在建筑红线内分别经二座水表井与小区环状管网相连接，在小区形成 DN200 环状消防管道，供给本工程的室外消防用水。室内消防采用临时高压给水系统，水泵房设置在地下室，屋顶消防水箱设置在最高栋屋顶，消火栓系统及喷淋系统分别按竖向分区，分别设置水泵接合器。

排水系统：采用雨、污分流，其中酒店采用污、废分流，办公及商业采用污、废合流。室内首层以上污废水重力自流排入室外污水管，地下一层及以下污废水采用潜水排污泵提升后排至室外污水管道。生活污废水排至室外污水管集中，经化粪池处理后，就近排至市政污水管；餐饮厨房等含油废水经隔油池处理后排至室外污水管。屋面、裙房屋面雨水集中后排至室外雨水管道系统，室外地面雨水经雨水口收集，由室外雨水管汇集，排至市政雨水管。

5. 项目效果图

项目效果见图 5-18、图 5-19。

图 5-18 立面效果图（一）　　　图 5-19 立面效果图（二）

5.6　本章小结

　　酒店是民用建筑中非常常见的建筑类型，分布世界各地，大到城市小到乡村均可见到酒店建筑的身影，因其档次、功能、服务人群、经营模式等的不同，存在非常多的差异性，这对设计提出了较高的要求。

　　就世界知名酒店品牌的五星级酒店来讲，其设计往往需要主体设计单位、酒店管理单位、咨询单位、各种产品供应商等多达几十家单位参与，协调工作非常艰巨。

　　在酒店设计中，因地域的气候、习惯、规范等的差异性，同样品质和定位的酒店也会有不同的设计要求。如北方普遍需要供暖，锅炉的使用可直接制备生活热水和蒸汽，而南方城市不需要供暖。在绿色建筑和节能减排的政策要求下，一些地方政府不允许使用大功率（100kW 以上）锅炉，生活热水就需要采用太阳能、空气源等清洁能源，甚至需要从空调系统回收热量为生活热水预热以达到节约能源的目的。

　　星级酒店一般会有比较齐全的后勤配套，如中西餐厨房、布草清洗、会议布展等，更多的中小型酒店则是将布草清洗委托给第三方机构或具有布草清洗的大酒店统一处理，形成了一整套服务产业。这也降低了中小型酒店的投资和管理成本，更利于其扩张。

　　不管酒店档次如何，顾客对酒店最基本的使用需求其实是一致的。那就是短期居住，如何保障旅客的居住体验，这是酒店设计的核心问题。本章节对酒店设计中常见的疑难问题和工程中常见问题进行了分析并给出了相应的解决方案，以期为酒店设计提供参考。

第 6 章

医疗建筑给水排水设计

6.1 医疗建筑分类

6.1.1 按医疗技术水平划分

1. 三级医院

主要指全国、省、市直属的市级大医院及医学院校的附属医院。

2. 二级医院

主要指一般市、县医院及省辖市的区级医院，以及相当规模的工矿、企事业单位的职工医院。

3. 一级医院

主要指农村乡、镇卫生和城市街道医院。

按照《医院分级管理标准》，医院经过评审确定为三级，每级再划分为甲、乙、丙三等，其中三级医院增设特等级别，因此医院共分三级十等。

6.1.2 按收治范围划分

1. 综合医院

有一定数量的病床，分设内科、外科、妇科、儿科、眼科、耳鼻喉科等各种科室及药剂、检验、放射等医技部门，拥有相应人员、设备的医院。

2. 专科医院

专科医院（Specialized Hospital）指的是只做某一个或少数几个医学分科的医院。

3. 诊所

又称为诊疗所、医务所，是规模比医院小的医疗机构，一般为私人开业的医生诊治病人的场所或者泛指规模较医院小的医疗所。

4. 康复中心

向因生理或心理上的缺陷导致劳动、生活和学习严重障碍者提供医治、训练与服务的医疗机构。

6.2　医疗建筑给水排水设计重难点问题分析

6.2.1　水量需求大、用水点分散

医疗建筑的门诊、医技、住院部等场所需要大量的用水，有制药功能的中医院还有制药用水。另外医院在不同时间段用水量存在较大的差别，比如南方区域医院的住院部在19:00～21:00需要大量淋浴用水。因此给水系统的供水能力、水箱的储存容积要充分考虑各种功能的用水需求及高峰期用水量，并保证供水水压的稳定。

因医院门诊、医技有大量诊室、治疗室洗手盆、卫生间、洗涤池、空调机房、净化机房、茶水间等需要供水，给水点较多且分散，需要综合各用水点来考虑给水立管的位置，控制供水管的长度及单根给水横管上接出的供水点数，以提高供水系统安全可靠性及各给水立管的供水平衡。

6.2.2　给水系统计量

医院建筑用水量大，节水管理是节约用水的重要一环，设计阶段应按绿色建筑、医院管理要求进行分级计量，按用途及管理单元合理设置用水计量装置。但在实际应用中也存在一些问题，如医疗功能区域（科室）在平面上划分不严格，难以完全满足按科室计量；分级计量水表设置较多，水表存在漏水情况并导致后期的维修量大、管理维护起来较麻烦。

针对上述问题，通常医院各科室、护理单元中各级给水系统计量采用远传式水表，从而减少物业抄表的工作量，并能通过计量系统存储每周、每月各单元用水量并进行对比，可快速有效地发现单月用水量偏大的单元以便查找漏水原因。

6.2.3　热源选择多

在医院建筑热水系统的热源选择方面，考虑到供热稳定性的要求，一般建设方偏向选用锅炉（燃油、燃气等锅炉）供热，但考虑到绿色环保和节能、碳排放等方面的要求，倡导采用热泵（空气源、水源、地源等热泵）、太阳能等绿色能源供热及空调余热、工业废热等，典型的如深圳市已经明确要求不能采用锅炉集中供热。

在满足碳排放的前提下，辅助热源一般可采用电辅热、燃气辅热，为更进一步实现节能目的，部分项目还要求做空调余热回收用于生活热水的预热。

6.2.4　热水出流时间

医院建筑中医技、住院部等热水无论采用开式还是闭式系统，热水管网都要考虑同程布置，满足各回水点处压力相近以便于各用水点处的回水，同时不回水点处的支管长度不

宜过长。为满足《综合医院建筑设计规范》GB 51039—2014 第 6.4.8 条及《建筑给水排水与节水通用规范》GB 55020—2021 第 5.1.3 条：热水系统任何用水点在打开用水开关后宜在 5～10s 内出热水、公共建筑出热水时间不应大于 10s 的要求，不循环的热水支管长度一般控制在 10m 内。热水出流时间的控制，除满足规范要求外还直接体现了用水便利性及品质。

但一般门诊、医技热水用水点较多且分散，热水横管末端回水时通常热水用水点支管较长、无法满足出热水的时间要求，此种情况下可以设置自动电伴热，电伴热系统主要由电源、电伴热带、温控器（恒功率电伴热带）、恒温器（自限温电伴热带）以及接线盒、尾端等附件构成，采用电伴热时需要向电气专业提资电量，并与精装单位协商好温控器的设置位置，温控器一般可设置在热水用水点处并适当隐蔽。

6.2.5 排水系统复杂

医院建筑功能多、平面布置复杂，从而导致排水点数量多、上下层排水点位不对应等现象，特别是医技部分的排水更具多样性。医院建筑内的排水主要包括生活污水、生活废水、厨房废水、医疗设备废水、医疗废水、特殊科室医疗污废水、车库排水等，因此如何正确、合理地设计排水系统，使其能及时、有效地排除污废水，避免医院内各科室不同性质的排水相互交叉感染，是排水系统设计的重点及难点。

同时还需考虑排水管道的管径、坡度等因素，确保排水畅通。另外部分科室、净化区域是排水立管不能穿越的场所，如洁净手术部洁区、中心供应室无菌区、新生儿室、夜间值班室等，则排水立管需在本层降板区内或该层上一层吊顶内横向敷设改变其位置。

6.2.6 院感防控难

预防和控制医院感染，是保证医疗质量和医疗安全的一项非常重要的工作，任何主观、客观上的差错都可能导致感染，给患者、医护人员带来安全隐患、给医疗卫生系统带来较大的影响，从而引起负面的社会反响。

医院感染和医疗安全的影响因素是多方面的，给排水设计对于院感防控也至关重要。根据《病区医院感染管理规范》WS/T 510—2016 要求及各科室院感措施，给水系统在设计时需注意存在污染可能的给水管上需设置防污染措施，诊室、治疗室、公共卫生间的洗手盆应采用感应式水龙头、小便斗宜采用自动冲洗阀、蹲式大便器宜采用脚踏式自闭冲洗阀或感应冲洗阀等；排水设计时特殊科室如中心供应室、洁净手术室、检验科、核医学、放射科等科室的排水管网要独立设置并单独收集后进行相应的预处理，避免不同性质的排水混合排放后产生相互交叉感染。另外医院建筑中非必要位置不应设置地漏，当必须设置时须保证地漏水封 50～100mm 并不易被破坏。

6.3 医疗建筑常用给水排水系统

6.3.1 给水系统

1. 用水量计算

1）医院内人员生活用水……定院内各类人员数量，一般由医院或建筑专业提供，但在……、门急诊患者、行政及后勤、科研人员等各类人员的数量……量时可根据医院床位数来定，具体如下：

医务、行政及后勤人员……数的 1.3～1.4 倍；300～500 床人员数按床位数的 1.4～1.5 ……的 1.6～1.7 倍。其中行政管理和后勤人员占 28%～30%，行……占 20%；卫生技术人员可占 70%～72%，在卫生技术人员中……%、药剂人员占 8%、检验人员占 4.6%、放射人员占 4.4%、……集、医疗水平低的城市床诊比可适当提高。

最大班医务人员数：……计。

日平均门急诊人数……的 3 倍、有专科特色综合医院可按床位数的 4 倍确定，人……适当提高至 5～6 倍；施工图阶段可按每个诊位每日 50～6……建筑设计规范》GB 51039—2014 第 3.2.1 条。

日最大门急诊人数……数确定。

由病床数确定医……医院建筑设计规范》GB 51039—2014 表 6.2.2 的用水定额计……

2）食堂就餐人数……善情况定，职工食堂可按院区最大班职工人数 70%～80% 确……定，即每病床按 1 患 1 陪考虑。

3）洗衣房每日……按规范计算；部分医院实行外包第三方洗涤，仅少量污物……院方沟通确认。

4）绿化浇灌用水量：……据气候条件、植物种类、浇灌方式和管理制度等条件确定，绿化浇灌最高日用水定额可按浇灌面积 1.0～3.0L/(m² · d)计，通常取 2.0L/(m² · d)。

5）道路浇洒、车库冲洗用水量。

6）冷却塔补水量，按冷却循环水量的 1%～2% 确定。

7）管网漏损及未预见水量：按上述最高日用水量的 10% 计。

2. 供水系统方式

1）市政管网直接供水

当医院建筑周边的市政管网比较完善、安全可靠，市政供水能满足医院建筑低楼层的用水压力、水量且不经常停水时，可直接利用市政水压供给低楼层用水，通常城市的市政给水管网压力在 0.20～0.30MPa 之间，供水压力通常可以满足多层医院建筑或高层医院建筑的下面 2～3 层，供水压力相对稳定，充分利用市政水压以达到节能的目的。

因医院建筑对用水安全性要求较高，可在市政直接供水的主管网上，预留另一路水源以便市政停水时另一路水源能及时供给，减少市政停水对医院运营产生大的影响。

2）变频加压供水系统

除医院建筑低楼层采用市政管网直接供水外，其他楼层采用垂直分区的并联变频加压供水方式。变频加压供水系统是指在地下室生活水泵房内设置生活水箱及变频加压设备，通过变频加压设备加压后供至各楼层的供给方式，如图 5-1 所示。

变频加压供水系统优点：设备集中布置地下室设备房内便于管理，不占用屋面空间避免对顶部楼层产生噪声影响。缺点：分区泵组数量多、初投资稍高，停电期间无法供水。一般适用于日用水时间较长、用水量经常变化的场所，或屋面层不宜设置生活水箱间的医院建筑。在医院建筑生活给水中，病房部分的生活用水量是最大的，用水量变化也是最大的。其次才是门诊部分、医技部分，这恰恰符合变频调速供水的特点。所以，医院建筑尤其是含有病房部分的医院建筑采用变频调速供水是合适、经济的。

3）水箱重力供水系统

水箱重力供水系统是指在建筑物顶部设一生活水箱间，由地下室工频泵组将水提升至该水箱间生活水箱后，通过重力供至医院建筑的各分区楼层，超压的楼层设支管减压阀减压，顶部分区压力不足 0.15MPa 的楼层，需设变频加压泵组升压，如图 5-2 所示。

水箱重力供水系统优点：初次投资低；高位水箱储存一定用水量，停电时可以继续供水、供水可靠性高；重力供水压力稳定，舒适性高；水泵工频运行在高效区工作，运行能耗低。缺点：需在屋面层设置水箱间，机房占地面积大；水箱增加二次污染风险。一般适用于供水可靠性要求高、屋面有空间设置水箱间的高层建筑。

3. 给水系统分区、计量

1）分区原则

卫生器具给水配件承受的最大作压力，不得大于 0.60MPa。当生活给水系统分区供水时，各分区的静水压力不宜大于 0.45MPa；当设有集中热水系统时，分区静水压力不宜大于 0.55MPa。生活给水系统用水点处供水压力不宜大于 0.20MPa，并应满足卫生器具工作压力的要求。

2）给水系统计量

节水管理是节约用水的重要一环，在设计阶段就应按绿色建筑要求，采用分级计量、按用途及管理单元合理设置用水计量装置，医院建筑一般采用远传式水表，并分3级计量，具体如下：

一级计量：设置于室外的生活、消防总水表；

二级计量：可按门诊、医技、病房、后勤、行政、教学等各大功能区设置二级计量；

三级计量：门诊、医技和病房分楼层、分科室、护理单元设置三级计量；后勤部分可根据内设功能，包括洗衣房、营养厨房、锅炉房、冷冻机房等设置三级计量。

3）科室特殊供水要求

洁净手术部应采用双路供水、血透析中心医疗纯水应采用双路供水；分析病理、实验室内给水管与卫生器具及设备的连接须有空气隔断。

4. 给水机房布置

给水机房需要配合建筑平面进行设置，尽量少占地下车库车位。需考虑的因素主要有：

1）设置宜靠近用水负荷中心位置。

2）不宜设置于噪声敏感毗邻区域，保证良好的通风条件。

3）上方不应设有卫生间、浴室、盥洗室、厨房，污水处理间等。

4）不应设置于与厕所、垃圾房及其他污染源毗邻的房间。

5）不应设置于电气设备用房上方。

5. 给水龙头选型

详见《病区医院感染管理规范》WS/T 510—2016及各科室防感染措施，采用非手动开关并防止污水外溅的措施：

1）公共卫生间的洗手盆采用感应式水龙头、小便斗宜采用自动冲洗阀、蹲式大便器宜采用脚踏式自闭冲洗阀或感应冲洗阀；

2）护士站、治疗室、洁净室、消毒供应中心、监护病房和烧伤病房等房间的洗手盆，应采用感应自动、膝动或肘动开关水龙头；

3）产房、手术刷手池、洁净无菌室、血液病房和烧伤病房等房间的洗手盆，应采用感应自动水龙头；

4）有无菌要求或防止院内感染场所的卫生器具，应按第 1）～3）款选择水龙头或冲洗阀。

6.3.2 热水系统

1. 用水量计算

1）医院内人员热水用水量：医疗建筑一般包括门诊、医技、住院部、后勤厨房、洗衣房等，除门诊、医技中心供应室、手术室、新生儿科外，其他区域需与院方沟通是否需要设置热水系统。如果门诊医技各诊室、治疗室等设置热水系统，则计算热水使用人数同冷水系统，确定医院内各类人数后，即可按《综合医院建筑设计规范》GB 51039—2014 表 6.2.2

的用水定额计算各类人员的用水量。

2）食堂就餐人数：同给水系统。

3）洗衣房每日用水量。

2. 热源选择

集中生活热水系统的热源，宜首先利用工业余热、废热、地热和太阳能，热源应做技术经济比较并应按下列顺序选择；当无工业余热、废热、地热和太阳能时，宜优先采用能保证全年供热的热力管网作为集中生活热水供应系统的热源。热源选择参照现行国家标准《建筑给水排水设计标准》GB 50015 中的相关规定。

3. 热水系统分区、计量

1）分区原则

热水系统供水分区同冷水系统，并需满足以下要求：

卫生器具给水配件承受的最大工作压力，不得大于 0.60MPa。当生活给水系统分区供水时，各分区的静水压力不宜大于 0.45MPa；当设有集中热水系统时，分区静水压力不宜大于 0.55MPa。生活给水系统用水点处供水压力不宜大于 0.20MPa，并应满足卫生器具工作压力的要求。

2）热水系统计量

医院建筑热水系统的计量同冷水系统，采用分级计量、按用途及管理单元合理设置用水计量装置，医院建筑内热水系统一般采用远传式水表，并分二级计量，具体如下：

一级计量：可按门诊、医技、病房、后勤、行政、教学等各大功能区设置一级计量；

二级计量：门诊、医技和病房分楼层、分科室、护理单元设置二级计量；

后勤部分可根据内设功能，包括洗衣房、营养厨房、锅炉房、冷冻机房等设置二级计量。

为准确计量每个科室、护理单元的热水用水量，一般在该科室、护理单元的供水主管及回水主管上均设置水表（回水管水表前设置止回阀），供回水主管上水表差值即为该科室的热水用水量。

4. 热水系统形式

医院热水系统是非常重要的，医院的热水需求量很大，对热水的稳定供应要求高，如果热水系统出现故障，不仅会给医院的正常运营带来影响，还可能影响病患和医护人员的健康。因此，医院热水系统需要采用合理的控制技术和运行条件，同时需进行定期维护和检查、及时处理故障，确保热水系统的稳定性、可靠性及正常运行。

1）根据热水系统的供应范围可划分为集中热水供应系统、局部热水供应系统。集中热水供应系统指在医院内设置热水机房、通过热水管网输送至医院建筑各生活热水用水末端的生活热水系统，此种系统适用于生活热水用水量大、用水点位数多的场所；集中热水供应系统要求热源稳定且充足，在热水使用时间内能按使用需求供应。其优点是设备集中便于管理，加热设备热效率较高，热水成本较低。其缺点是设备、系统较复杂，建筑投资较大，需有专门维护管理人员。

局部热水供应系统指医院建筑内采用各种小型加热器在用水场所就地加热，供局部范围内的一个或几个用水点使用，其优点是：设备、系统简单，造价低；维护管理容易、灵活；热损失较小；改装、增设较容易。其缺点是：一般加热设备热效率较低，热水成本较高；使用不够方便舒适；占用建筑面积较大。

2）根据热水系统的供应时间可划分为全日制热水供应系统、定时热水供应系统。全日制热水系统是指一天内任何时候都能维持管网中热水的设计温度并有热水供应的系统，该系统适用于热水用水要求高、随时有热水需求的场所，如 VIP 病房、病房、洁净手术部、门诊医技重要科室等；定时供应系统指热水在一天中的特定时间段内供应，在系统供应热水前利用机械循环泵将热水管网中冷却的热水加热至设计温度，部分医院建筑的住院部采用定时热水供应系统，采用定时热水供应系统能节水节电、减少系统的维护管理，通常定时热水供应系统供应热水时间为用水高峰段，如每天中午和傍晚的 2～3h。

3）根据热水系统的循环方式可划分为干管回水热水供应系统、支管回水热水供应系统。干管回水的热水系统为所有立管设置回水，保证用水点处的热水使用水温及出水时间，该循环方式的热水系统可满足《建筑给水排水设计标准》GB 50015—2019 及《综合医院建筑设计规范》GB 51039—2014 中公共建筑 5～10s 出热水即可，在医院建筑中多用于住院部这种布置比较规则、对称的场所；支管循环是在热水供水系统中的干管、支管都能循环回水，保证供水温度并能在较短时间内出热水，适用于医院建筑中 VIP 病房或门诊医技重要科室。

4）根据热水系统是否开敞可划分为闭式热水供应系统、开式热水供应系统。闭式生活热水系统指整个生活热水系统为封闭热水系统，不与大气相通，热水膨胀采用膨胀罐；开式热水系统为非封闭系统，与大气相通，热水膨胀采用膨胀管或膨胀水箱。

因闭式热水系统不与外界大气系统、冷热同源且管网采用同程布置，其冷热稳定性和卫生条件较好且相对开式系统节能效果好，在医院建筑中经常使用。

5）根据热水管网的布置形式可划分为上供下回热水供应系统、下供上回热水供应系统。上供下回的热水系统供水干管设置在分区的最顶部楼层、回水管设置在分区的底层，系统自上向下供水；下供上回热水系统供水干管设置在分区的最底部楼层、回水管设置在分区的顶层，系统自下向上供水，热源或机房一般位于建筑底层。

上供下回的供水方式因最不利楼层在分区顶部，用水高峰期时最不利楼层最先供应热水能保证其用水需求，故推荐采用上供下回供水方式。因热水系统管道内往往含有气体，上供下回形式在供水横管内易积气，采用该种供水方式时建议在供水横管上多设排气阀，甚至每根立管处设置一个。

6）根据冷热水是否来自于同一加压设备，可分为同源热水系统和不同源热水系统，一般同源热水系统其冷热水供水压力也是相同的，多为闭式热水系统，不同源热水系统一般供水压力不同，多为开式热水系统。

7）同程异程系统：根据热水系统中任意一点供水管和回水管的长度是否相同，可分为同程系统和异程系统（图5-4），异程系统因热水用水点处的水损不同，导致回水容易形成短路，使用时需慎重或采用能调节异程回水阀门等措施。

要满足用水点处冷、热水压力相同或相近，设计热水系统时除热水分区、管网布置形式需与冷水系统相同外，还需考虑冷热水同源及管路同程，保证在热水制热设备处的进水压力与冷水相同，同时冷热水管路产生的水头损失相近。

5. 热水机房布置

1）热水机房的布置除满足给水机房相关要求外，宜符合下列规定：

宜与给水加压泵房相近设置，以保持冷热水管压差较小；宜靠近耗热量最大或设有集中热水供应的最高建筑；宜位于系统的中部；集中热水供应系统当设有专业热源站时，水加热设备机房与热源站宜相邻设置。

2）水加热器的选型要求

热效率高、换热效果好、节能、节省设备用房；生活热水侧阻力损失小，有利于整个系统冷、热水压力的平衡；应采用无死水区且效率高的弹性管束、浮动盘管容积或半容积式水加热设备；医院集中热水供应系统的热源机组及水加热设备不得少于2台；当1台检修时，其余各台的总供热能力不得小于设计小时供热量的60%。

6.3.3 排水系统

医院建筑功能多、平面布置复杂，从而导致排水点数量多、上下层排水点位不对应等问题，特别是医技部分的排水更具多样性。医院建筑内的排水主要包括生活污水、生活废水、厨房废水、医疗设备废水、医疗废水、特殊科室医疗污废水、车库排水等。因此正确、合理的排水系统能及时、有效地排除污废水，避免医院内各科室不同性质的排水相互交叉感染，是排水系统设计的重点及难点。

1. 排水系统

室内排水系统划分为污废分流排水系统、污废合流排水系统。

污废分流排水系统：建筑物内生活污水和生活废水通过各自独立的排水管道，分别排至处理构筑物。一般住院部多采用污废分流排水体制。

污废合流排水系统：建筑物内生活污水和生活废水通过合用排水管道，排至处理构筑物。一般门诊、医技公共卫生间（除特殊科室外）多采用污废合流排水系统。

1）医院的宿舍区生活污水与医疗区污废水应采用分流制，宿舍区生活污水可直接排入城市污水管网；

2）院区内的普通生活污废水（行政办公区等）与医疗区污废水宜优先采用分流制，普通生活污废水可直接排入城市污水管网；

3）传染病区和非传染病区的污水应分流，不得将固体传染性废物、各种化学废液倾倒至下水道。

2. 排水管道布置

医院建筑排水系统设计的基本原则是直接、快捷地将污废水排至室外，因而要求排水管道管线短、拐弯少。医院建筑中的排水点尤其是门诊区排水点很多，且很多上下楼层排水点竖向上不在一个位置，在这种情况下排水立管的数量、位置的选择至关重要，也是排水系统设计成败的关键因素之一。

1）布置基本原则

（1）排水立管原则上应是一根竖直排水管、不应中途横向拐弯，这样污废水排放便捷、通畅，通水效率便提高了。因此应根据排水立管所连接的所有楼层的建筑平面布局及卫生器具位置，合理选择排水立管的设置位置，排水立管尽量不转弯。

（2）部分科室或净化区域是排水立管不能穿越的场所，如洁净手术部洁区、中心供应室无菌区、新生儿室、夜间值班室等，则排水立管需在本层降板区内或该层上一层吊顶内横向敷设改变其位置。

（3）排水立管尽量布置在水井、清洁间、污物间等辅助性房间内，由于排水立管管径较大，若布置在房间内占据一定空间会影响室内布局及装修效果，应尽量敷设在辅助性房间内的隐蔽角落。

（4）排水立管尽量不要出现在门诊大厅、病房大厅等大空间场所，排水立管宜在大空间场所吊顶内横向敷设转至邻近房间内设置。

综上所述，医院建筑排水立管的位置、数量应综合考虑多种制约因素后确定。

2）布置在排水负荷中心

医院建筑中排水立管应尽可能设置在排水量最大或靠近最脏、杂质最多的排水点处，如蹲便器、坐便器、污洗池、洗涤池等附近。

3）排水管暗设原则

基于美观要求和建筑平面要求，医院建筑中排水管道大多数情况下宜暗设。

门诊、医技公共卫生间、病房卫生间内一般设有管道井，排水立管可在管道井中暗设，尽量不要设置在大厅、诊室、走道等位置；因楼层的功能要求，某区域卫生器具排水须采用同层排水方式时，该排水横管应在垫层内暗设。医院建筑排水管暗设应注意便于安装和检修。

3. 排水管通气

通气管主要包括伸顶通气管、专用通气管、主通气立管、环形通气管等，各类通气管设置要求和适用情况如下：

1）伸顶通气管：伸顶通气管是医院建筑中最常用的通气管之一，建筑内生活排水管道或散发有害气体的其他污水管道均应设置伸顶通气管，在条件具备时应优先采用伸顶通气管。

伸顶通气管的应用区域几乎涉及门诊、病房、科研办公等所有场所，设置伸顶通气管的前提条件是排水立管所承担的卫生器具排水设计流量不应超过采用伸顶通气管的最大排水能力，可以通过增大排水立管管径、降低排水立管承担卫生器具数量、增加排水立管根数等措施实现。

2）专用通气管：指仅与排水立管连接，为使排水立管内空气流通而设置的垂直通气立管，专用通气管是医院建筑中最常用的通气管之一，当医院建筑具备以下条件之一时即应采用专用通气管：医院建筑生活排水立管所承担的卫生器具排水设计流量超过仅设伸顶通气管的排水立管最大设计排水能力；医院建筑卫生间的排水立管。

3）主通气立管：指连接环形通气管和排水立管，为使排水支管和排水立管内空气流通而设置的垂直管道。建筑物内各层的排水管道上设有环形通气管是主通气立管设置的必要条件之一，各层环形通气管接至主通气立管；与排水立管结合通气管或 H 管连接是主通气立管设置的必要条件之二。

4）环形通气管：指在具有多个卫生器具的排水横支管上，自最始端卫生器具的下游端接至主通气立管或副通气立管的通气管段。环形通气管的存在是主通气立管或副通气立管设置的前提。

根据《建筑给水排水设计标准》GB 50015—2019 第 4.7.3 条，下列排水管段应设置环形通气管：连接 4 个及 4 个以上卫生器具且横支管长度大于 12m 的排水横支管；连接 6 个及 6 个以上大便器的污水横支管；设有器具通气管；特殊单立管偏置时。

根据上述要求，医院建筑环形通气管设置场所也通常为门诊区、医技区内的公共卫生间；另外，一般门诊、医技区排水点较多，如多个诊室洗手盆、清洁间等排水管汇聚时其长度超过 12m 时，需要在汇合后的废水横管上设置环形通气管。

4. 特殊科室排水

医院污水和废水需进行预处理、污水处理站集中处理，尤其是水源中的病毒、细菌以及一些有害物质，必须保证全面消毒灭菌；对医院部分传染科产生的废弃物、污水、粪便等，必须进行特殊的生化处理后才能统一排放，医院污废水在进入污水处理站处理前需进行的预处理如下：

1）综合医院的传染病门诊和病房的卫生间污废水、诊疗废水、空调冷凝水等均应单独收集，且应采取预消毒处理，各排水管应在屋顶通气管上设置可靠的消毒设施（紫外线消毒装置或高效过滤器）。

2）核医学科的放射性污水应单独收集（包含核医学区域患者服用药物后的卫生间排水），且应设置衰变池预处理；清洁区、染毒区排水系统分开，给水管进入核医学污染区应设倒流防止器。

3）衰变池水量主要包括病房卫生间排水（大小便器、洗手盆、地漏，不含淋浴）、门诊工作区污染区的排水（大小便器、污洗槽、地漏等，不含淋浴、医护人员清洁区排水），衰变池的容积按最长衰变期同位素的 10 个半衰期计算。

4）检验科、分析化验室污水应根据其环评批复的要求，确定是院内收集处理、还是外运由第三方处理；其酸性废水预处理宜采取中和法（氢氧化钠、石灰等），中和至 pH 值 7～8 后排入医院污水处理系统。图 6-1、图 6-2 为某项目检验科污水处理工艺流程及平面布置图。

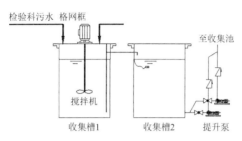

图 6-1　检验科污水处理工艺流程图

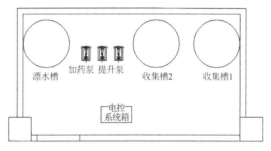

图 6-2　检验科污水处理平面布置图

5）中心供应室排放的消毒高温废水应单独收集，并应设置降温池进行降温至 40℃以下后排至室外废水管网；污染区与洁净区的排水系统应分开设置，以避免污染区排水中含有的污染物及病毒传播至清洁区，中心供应室应采用密闭地漏，可避免高温废水大量集中排放时的涌堵反溢和二次蒸汽的溢出。

6）口腔科的分析检查、诊断中使用的氯化高贡、硝酸高贡等含汞污水应设置沉淀池预处理；其含汞废水预处理宜采用硫化钠沉淀 + 活性炭吸附法，经活性炭吸附后，出水含汞浓度低于 0.02mg/L 方可进入医院污水处理系统；收集的汞应交由有资质的专业公司处理。图 6-3、图 6-4 为某项目牙科污水处理工艺流程及平面布置图。

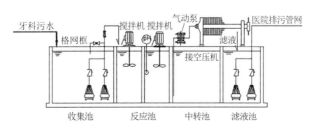

图 6-3　牙科污水处理工艺流程图

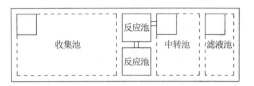

图 6-4　牙科污水处理平面布置图

7）病理、血液检查科使用的重铬酸钾、三氧化铬等含铬污水、采用化学沉淀法预处理，处理后出水中六价铬浓度小于 0.5mg/L 方可进入医院污水处理系统。

8）血液分析科：血液、血清、细菌和化学检查分析时采用氰化钾、氰化钠等含氰废水，宜设置含氰废水处理槽采用碱式氯化法，有效容积应能容纳不小于半年的污水量。

9）放射科：显影污水宜采用过氧化氢氧化法，处理后出水中六价铬浓度符合相关排放标准后方可进入医院污水处理系统。洗印显影废液收集后应交由专业处理危险固体废物的单位处理；为防止射线外泄无关管道不得进入放射性房间，若必须进入时采用铅板对管道加以保护。图 6-5、图 6-6 为某项目放射性污水处理工艺流程及设备平面布置图。

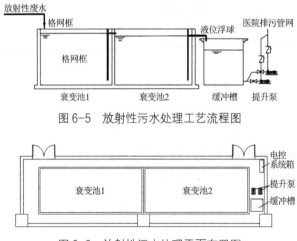

图 6-5　放射性污水处理工艺流程图

图 6-6　放射性污水处理平面布置图

10）肿瘤科：同位素治疗和诊断产生放射性污水排入衰变池（衰变池应防渗防腐），收集放射性废水的管道应采用耐腐蚀的特种管道（一般为不锈钢管或塑料管）；放射性废水处理后直接排放，不得进入医院污水综合处理系统。

11）感染病科：传染病门诊和病房全科室诊疗、生活及粪便污废水、空调冷凝水应单独收集，且应采取预消毒处理后排入单设化粪池；各排水管应在屋顶通气管上设置可靠的消毒设施（紫外线消毒装置或高效过滤器消毒）。图 6-7、图 6-8 为某项目感染科污水处理工艺流程及设备平面布置图。

12）皮肤病科：诊疗区废水采取预消毒处理后排放。

13）生物实验室：三、四级生物安全实验室平时排水少区域尽量不设地漏，其排水应进行消毒灭菌处理；防护区排水系统上的通气管应单独设置。

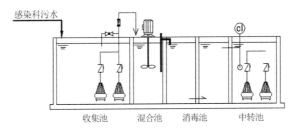

图 6-7　感染科污水处理工艺流程图

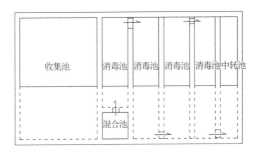

图 6-8　感染科污水处理平面布置图

14）洁净手术部内的卫生器具和装置的污水和透气系统应独立设置，洁净手术部洁净区内不应设置地漏，其他区域设置地漏时应采用防污染措施的专用地漏。

15）太平间和解剖室应采用独立排水系统，且主通气管应伸至屋顶无人员通行处。

16）医院营养食堂与职工食堂排放的含油污水应单独收集，并应设置油水分离设备进行预处理，当医院污水排放标准为预处理标准时，厨房污水经隔油预处理后可直接排至市政污水管网。

17）隔离用房的污、废水单独收集，经消毒处理后与其他污水合并处理。

18）其他医疗设备或设施的排水管道应采用间接排水。

5. 地漏及水封

1）地漏设置规定

《建筑给水排水设计标准》GB 50015—2019 第 4.3.5 条规定，地漏应设置在有设备和地面排水的下列场所：卫生间、盥洗室、淋浴间、开水间；在洗衣机、直饮水设备、开水器等设备的附近；食堂、餐饮业厨房间。

《综合医院建筑设计规范》GB 51039—2014 第 6.3.7 条规定，医院地面排水地漏的设置应符合下列要求：

（1）浴室和空调机房等经常有水流的房间应设置地漏，卫生间有可能形成水流的房间宜设置地漏；

（2）对于空调机房等季节性地面排水，以及需要排放冲洗地面、冲洗废水的医疗用房，应采用可开启式密封地漏；

（3）地漏应采用带过滤网的无水封直通型地漏加存水弯，地漏的通水能力应满足地面排水的要求；

（4）地漏附近有洗手盆时，宜采用洗手盆的排水给地漏水封补水。

2）地漏设置场所

（1）地面经常有水流的房间，如病房卫生间、医护人员洗浴间、污洗间、餐洗间、开水间、公共卫生间、盥洗室等；

（2）空调机房、新风机房等季节性地面排水，及冲洗废水的医疗用房等，采用可开启式密闭地漏；

（3）洁净手术部清洁区内不应设地漏，其他地方的地漏应采用设有防污染措施的专用密封地漏；

（4）医护人员办公室、诊室、操作室等地面排水性小的场所不宜设置地漏。

3）地漏选用规格

一般卫生间地面采用DN50；空调机房、新风机房等场所采用DN75；医护人员集中洗浴间当采用排水沟排水时，8个淋浴器可设置一个DN100地漏；当不采用排水沟排水时，1个淋浴器设置一个DN50地漏，2～3个淋浴器设置一个DN75地漏，4～5个淋浴器设置一个DN100地漏。

4）水封要求：

（1）下列设施与生活污水管道或其他可能产生有害气体的排水管道连接时，必须在排水口以下设存水弯：构造内无存水弯的卫生器具或无水封的地漏；其他设备的排水口或排水沟的排水口；

（2）水封装置的水封深度不得小于50mm，严禁采用活动机械活瓣替代水封，严禁采用钟式结构地漏；

（3）室内生活废水排水沟与室外生活污水管道连接处，应设水封装置；

（4）医院建筑内门诊、病房、化验室、实验室等不在同一房间内的卫生器具不得共用存水弯，化学实验室和有净化要求的场所的卫生器具不得共用存水弯；

（5）洁净手术部内的排水设备，应在排水口的下部设置高度大于50mm的水封装置；

（6）地漏及其他水封高度不得小于50mm，且不得大于100mm；

（7）医院地面排水地漏应采用带过滤网的无水封直通地漏加存水弯；

（8）地漏附近有洗手盆时宜采用洗手盆的排水给地漏水封补水。

6.3.4 雨水系统

医院建筑雨水系统主要包括塔楼、门诊医技屋面雨水、室外场地雨水。一般塔楼屋面采用重力流雨水系统，门诊医技屋面面积较大、采用压力流雨水系统（虹吸雨水系统），塔楼及裙房屋面雨水通过管道排至用地红线内的雨水管网，室外场地雨水经过地面截水沟、雨水口汇流收集后排至红线内的雨水管网，最后排至市政接驳雨水井。

1. 参数及雨水量计算

1）设计雨水流量：

$$q_y = \frac{q_j \cdot \psi \cdot F_w}{10000}$$

式中：q_y——设计雨水流量（L/s），当坡度大于 2.5% 的斜屋面或采用内檐沟集水时，设计雨水流量应乘以系数 1.5；

　　　q_j——设计暴雨强度 $[L/(s \cdot hm^2)]$；

　　　ψ——径流系数；

　　　F_w——汇水面积。

2）暴雨强度：设计暴雨强度应按当地或相邻地区暴雨强度公式计算确定。

3）降雨历时：屋面雨水排水设计降雨历时应按 5min 计算，室外雨水排水设计降雨历时按 10min 计算。

4）设计重现期：对于重力流屋面雨水排水管道工程设计重现期应根据建筑物的重要程度、气象特征等因素确，各种屋面雨水排水管道工程的设计重现期不宜小于表 6-1 的规定值。

各类建筑屋面雨水排水管道工程的设计重现期　　　　　　　表 6-1

建筑物性质	设计重现期（a）
一般建筑物屋面	5
重要公共建筑屋面	≥ 10

建筑的雨水排水管道工程与溢流设施的排水能力应根据建筑物的重要程度、屋面特征等按下列规定确定：

（1）一般建筑的总排水能力不应小于 10a 重现期的雨水量；

（2）重要公共建筑、高层建筑的总排水能力不应小于 50a 重现期的雨水量；

（3）当屋面无外檐天沟或无直接散水条件且采用溢流管道系统时，总排水能力不应小于 100a 重现期的雨水量；

（4）满管压力流排水系统雨水排水管道工程的设计重现期宜采用 10a。

2. 系统形式

雨水系统形式分为重力流雨水系统、压力流雨水系统（虹吸雨水系统）。

重力流雨水系统是雨水由天面天沟汇集后经雨水斗下接的立管靠重力自流排出，这种系统管线并不能被水完全充满，水沿立管管壁流下时一般情况下只占立管断面的一部分，甚至一小部分为水，一部分为空气。重力流排水系统是传统的屋面排水方式，具有设计施工简易，运行安全可靠的特点，其缺点是管道设置相对较多，占据空间位置较多。

重力流雨水系统，需要控制系统的流量在所设计的重力流态范围之内，否则，超流量的雨水进入系统，流态会超越重力无压流，剧烈的压力波动会对系统造成破坏，发生诸如立管损坏、检查井冒水等安全事故。

虹吸雨水系统的原理就是依靠特殊的雨水斗的设计，实行气水分离，从而使雨水立管中为满流状态，当立管中的水达到一定的容量时虹吸作用就产生了。在降雨过程中，由于连续不断的虹吸作用，整个系统得以快速排除屋顶上的雨水。

形成虹吸式屋面雨水排放的前提条件是：必须具备拥有良好气水分离装置雨水斗。在设计降雨强度下雨水斗不掺入空气，降雨过程中利用雨水斗与出户管之间的高差所形成的压差，经屋面内排水系统从户外排出管排出。在这一过程中，排水管道中是满管压力流状态，屋面雨水通过虹吸作用排放。因此，把这样的系统称为虹吸式屋面雨水排放系统。虹吸雨水系统示意见图6-9。

虹吸式雨水排放系统管内压力和水的流动状态是不断变化的过程。

降雨初期，雨量一般较小，悬吊管内是一有自由液面的波浪流。根据雨量大小的不同，部分情况下初期无法形成虹吸作用，是以重力流为主的流态。随着降雨量的增加，管内逐渐呈现脉动流、拔拉流，进而出现满管气泡流和满管汽水混合流，直至出现水的单向流状态。

降雨末期，雨水量减少，雨水斗淹没泄流的斗前水位降低到某一特定值（根据不同的雨水斗产品设计而不同），雨水斗逐渐开始有空气掺入，排水管内的虹吸作用被破坏，排水系统又从虹吸流状态转变为重力流状态。

在整个降雨过程中，随着降雨量的增加或减小，悬吊管内的压力和水流状态会出现反复变化的情况。与悬吊管相似，立管内的水流状态也会从附壁流逐渐向气泡流，气水浮化流过渡，最终在虹吸作用形成的时候，出现接近单向流的状态。

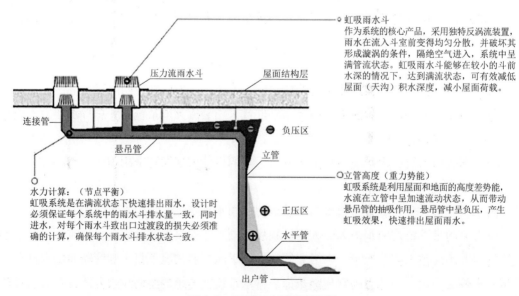

图6-9 虹吸雨水系统示意图

3. 管道布置

医院建筑内雨水立管一般设置在水管井、公共卫生间、洗涤间、排烟机房、楼梯间内，优先布置在水管井内或布置其他位置时立管尽量能上下层直落，减少雨水立管的转弯，这样既避免了雨水立管对医院内的主要房间、医疗功能用房平面的影响，又能减少雨水管渗水及噪声产生的影响，同时立管直落也提高雨水排水能力。

当门诊、医技的裙房屋面采用虹吸雨水系统时，虹吸雨水斗汇聚时横管不可避免地落在部分科室内的室内区域或公共走道，虹吸雨水系统排水时因气流及压力变化有较大的噪声，而医院内诸多科室又需要安静的环境，此时可在虹吸雨水管外设置隔声材料及铝箔防护层，如图 6-10 所示。

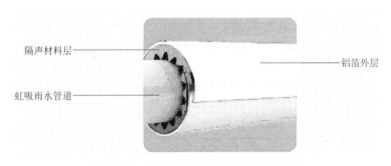

图 6-10　虹吸雨水管道隔声做法示意图

医院内如有结构的需求设置伸缩缝、变形缝时，雨水横管不应穿越，需就近汇聚至合适的位置；另外，部分科室有洁净需求、雨水立管又不可避免地敷设在该区域，此时雨水管应采取防结露措施。

4. 雨水回用

医院雨水是否回收二次利用可根据医院类型、地方法规及绿建要求综合考虑，根据《绿色医院建筑评价标准》GB/T 51153—2015 第 3.2.7 条：绿色医院建筑应分为一星级、二星级、三星级，三个等级的绿色医院建筑均应满足本标准所有控制项的要求，且每类指标的评分项不应小于 40 分，三个等级的最低总得分应分别为 50 分、60 分、80 分。《建筑与小区雨水控制及利用工程技术规范》GB 50400—2016 第 4.1.7 条：传染病医院雨水、含有重金属污染和化学污染等地表污染严重的场地雨水不得采用雨水收集回用系统。有特殊污染源的建筑与小区，雨水控制及利用工程应进行专题论证。

由上述规范要求可知：普通综合医院可设置雨水回用系统，用于室外绿化、道路及车库冲洗，传染病医院不得设置雨水回用系统。

雨水收集主要有绿地、道路、硬质地面、屋面，绿地雨水以径流为主下渗至地下、可收集的量很小；医院建筑道路、硬质地面的雨水受污染影响较大，宜采用地面入渗或排入院区雨水管网；屋面雨水污染小、初期弃流后的雨水较干净、水质好、径流量大，对于降雨分布均匀、降雨量充沛的地区，屋面面积较大，屋面雨水应优先采用雨水收集回用的方案，经过初期弃流、沉砂、过滤、消毒等工艺后用于室外绿化、道路/地面及车库冲洗。

雨水回用系统工艺流程示意如图 6-11 所示。

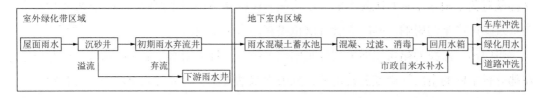

图 6-11　雨水回用系统工艺流程示意图

管网回收后的雨水先经初期弃流后进入雨水蓄水池，再利用提升泵将雨水加压至砂滤器/碳滤器过滤、消毒，处理后的水进行清水池储存，最后利用变频加压泵组供水至各用水点。在非雨季时可利用市政水补至清水池，再供给至各用水点。

关于雨水处理回用系统中蓄水池、清水池的容积，可按如下要求计算：蓄水池的有效容积可按 3～5d 的最高日雨水回用量计算，并需满足当地的海绵城市设计要求；清水池的有效容积可按最高日雨水回用量的 15%～20%计算。

6.3.5　污水处理站

污水处理站工艺的设计应满足国家现行标准《医疗机构水污染物排放标准》GB 18466、《医院污水处理设计规范》CECS 07:2004、《医院污水处理工程技术规范》HJ 2029 及项目环境影响评估报告书、当地环保部门批文等的要求。

1. 处理站的选址

在方案设计阶段时，根据医院总体规划、污水排放口的位置、环境卫生要求等合理确定污水处理站的设置位置，并充分利用地形重力流排放。具体综合以下因素考虑：

1）污水处理站应独立设置，与病房、居民区建筑物的距离不宜小于 10m 并设置隔离带。当无法满足上述条件时，应采取有效安全隔离措施；

2）总体规划：污水处理系统应尽量设置在医院的污物出口方向，便于污泥排放和污泥运输；

3）主导风向：污水处理站应尽量设置在当地夏季主导风向的下风向；

4）院区地势：污水处理站应尽量设置在地势较低处重力流排放到市政管网；

5）排出口位置：污水处理站应尽量设置在市政接驳口附近；

6）污水处理站应尽量设置在绿地、停车坪及室外空地的地下；

7）当污水处理站设置在房间或地下室，有盖板时每小时的换气次数不小于 5 次。

2. 排放标准

1）医院污水排放标准应根据项目所在地环保部门针对该项目的环保批文的要求确定。

在未获得该批文前，可先根据现行国家标准《医疗机构水污染物排放标准》GB 18466 的要求确定，但最终仍应以"环保批文"的要求为准。

2）传染病和结核病医院的污水排放一律执行《医疗机构水污染物排放标准》GB 18466—2005 中表 1 的规定；对于县级及县级以上或 20 床以上的综合医院和专科医院，当其处理后的污水直接或间接排入地表水体或海域时，其污水排放执行上述规范表 2 中的"排放标准"；当其处理后的污水排入市政污水管网并最终排至二级处理工艺的城镇污水处理厂时，其污水排放执行表 2 中的"预处理标准"。县级以下或 20 床以下的各种医疗机构的污水应经消毒处理后方可排放。

3. 处理规模

1）医院污水处理系统的日处理污水量，可按污水处理系统所收集污水区域相对应的给水量 85%～95%确定。当未获得准确数据时，可根据《医院污水处理工程技术规范》HJ 2029—2013 第 4.2.2 条中所提供的医院综合耗水量指标估算。

2）医院污水处理设计水量应在实测或测算的基础上留有设计余量，设计余量宜取实测或测算值的 10%～20%。

3）医院污水处理系统的小时处理能力应根据所采用的处理工艺为连续性处理工艺或间歇性处理工艺来确定。

4. 处理工艺

医院污水处理工艺的选择，应根据医院规模、性质、排放标准的要求、地区条件、场地条件等综合考虑确定，依据环评批复及一般原则：

1）传染病和结核病医院的污水处理，必须采用二级处理 + 消毒工艺。

2）满足《医疗机构水污染物排放标准》GB 18466—2005 中的"排放标准"要求时，应采用二级处理 + 消毒工艺。

3）满足上述规范"预处理标准"要求时，可采用一级强化处理 + 消毒工艺。

6.3.6 "平疫"结合

《综合医院"平疫结合"可转换病区建筑技术导则（试行）》有如下规定：

1. 一般规定

1）"平疫结合"区的给水排水系统应当根据现行国家标准《建筑与工业给水排水系统安全评价标准》GB/T 51188 进行安全评价；

2）"平疫结合"区的给水排水工程平时应当满足高效运行，疫情时应当满足安全运行的要求；

3）"平疫结合"区的给水、排水等系统宜独立设置，以满足独立运行的要求。当独立设置不能满足经济合理性要求时，"平疫结合"区的给水与院区系统连接处，应当采取安全措施，满足"平疫结合"区系统的安全可靠运行；

4）给水排水管道穿越楼板、墙处应当采取密封措施，防止不同空间的空气相互渗透，联通清洁区、半污染区及污染区墙上的开孔应当采用强化密封措施。

2. 给水系统要点

1）"平疫结合"区医务人员的生活给水用水定额，宜按现行国家标准《综合医院建筑设计规范》GB 51039 中规定值的 1.2～1.3 倍确定，患者的生活给水用水定额宜按该标准的 1.1～1.2 倍确定。

2）室内给水系统在疫情时及时转换为疫情供水模式，疫情时作为传染病区的给水系统应当采用断流水箱供水。

3）"平疫结合"区的给水系统应当采取防污染回流措施，并符合下列规定：

清洁区与半污染区和污染区的给水宜各自独立，当无法独立时，向半污染区和污染区供水的给水道上应当设置减压型倒流防止器；倒流防止器等经常操作维护的阀门、附件应当设置在清洁区。

4）用水点或卫生器具均应当设置维修阀门，维修阀门应当采用截止阀，并设置标识。

5）卫生器具的选择应用应当符合现行国家标准《传染病医院建筑设计规范》GB 50849、《综合医院建筑设计规范》GB 51039 的有关规定，并符合下列规定：

水龙头宜采用单柄水龙头，且不宜采用充气式；医生用洗涤水龙头应当采用自动、脚动和膝动开关，当必须采用肘动开关时，其手柄的长度不应小于 160mm；卫生器具应当具有防喷溅和防粘结的功能；卫生器具材料应当耐酸腐蚀、易清洁。

3. 排水系统要点

1）排水系统应当采取防止水封破坏的技术措施，并符合下列规定：

排水立管的最大设计排水能力取值不应大于现行国家标准《建筑给水排水设计标准》GB 50015 规定值的 70%；地漏应当采用水封补水措施，并宜采用洗手盆排水给地漏水封补水的措施。

2）室内卫生间排水系统宜符合下列要求：当建筑高度超过两层且为暗卫生间或建筑高度超过十层时，卫生间的排水系统宜采用专用通气立管系统；公共卫生间排水横管超过 12m 或大便器超过 4 个时，宜采用环形通气管；卫生间器具排水支管长度不宜超过 1.5m。

3）地漏的通水能力应当满足地面排水的要求，采用无水封地漏加 P 形存水弯；应当采用水封补水措施，并宜采用洗手盆排水给地漏水封补水的措施。

4）"平疫结合"病区的排水系统，通气管出口应当设置中效或高效过滤器过滤或采取消毒处理。

5）排水管道应当进行闭水试验，且采取防止排水管道内的污水外渗和泄漏的措施。

6）"平疫结合"区室外污水排水系统应当采用无检查井的管道进行连接，通气管的间距不应大于 50m，清扫口的间距应当符合现行国家标准《室外排水设计标准》GB 50014 和《建筑给水排水设计标准》GB 50015 的有关规定。

7）"平疫结合"住院部的排水系统设计应当满足在器具处进行消毒的要求。

图 6-12、图 6-13、图 6-14 为某项目平疫转换、平时流线和疫情时流线平面。

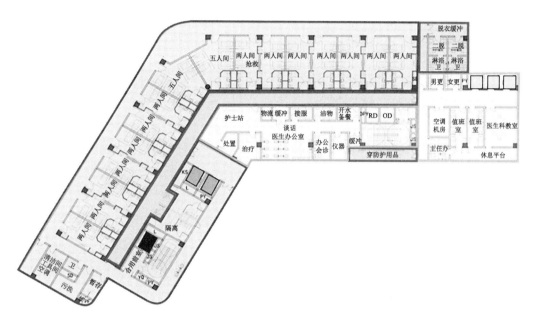

图 6-12　平疫转换平面（三区两带两通道）

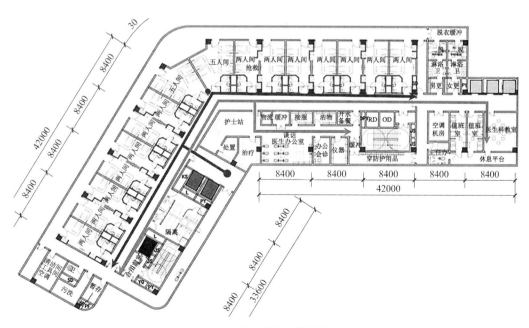

图 6-13　平时流线平面

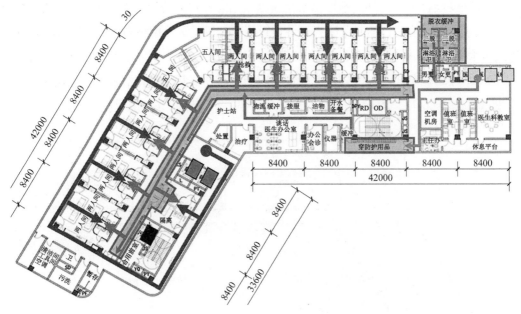

图 6-14 疫情时流线平面

6.3.7 消防系统

医院建筑是人员密集场所，有大量的医护人员、病人及陪护家属等，且医院内一般各种医疗设备管线较多，装修材料火灾危险性较大，一旦发生火灾后果是不可估量的。因此针对医院建筑设计完善、合理的消防系统是非常重要和必要的。科学合理的消防系统在火灾发生时能第一时间启动相应的灭火设施，更好地保障医院火灾情况下的人员和财产安全，为患者和医护人员提供一个安全的环境。医院建筑消防系统由诸多系统组成，主要有室外消火栓系统、室内消火栓系统、自动喷淋系统、灭火器、气体灭火、厨房设备灭火装置等。

1.室内消火栓系统

医院在进行消防系统设计时，应充分考虑火灾时系统的安全和合理问题，消火栓系统的设计主要有以下因素：火灾延续时间、消防用水量、消防水箱、消防水池、系统及消火栓的布置等。

对于医疗综合楼来说一般为一类高层甚至超高层建筑，通常主楼部分的病房是高层，裙房为门诊、医技是多层或高层，由于医疗综合楼为一个整体，其室内消火栓系统应按整体综合楼来考虑消火栓流量及火灾延续时间，即根据医院建筑的功能用途、体积、耐火等级、火灾危险性等综合考虑。

1）设置范围

现代医院建筑一般是高层建筑，甚至超高层建筑，根据现行国家标准《建筑设计防火规范》GB 50016，医院建筑内各层均应设置室内消火栓系统，因医院建筑内部分区域或房间内不宜设置消火栓，可将消火栓设置在附近的公共区域并满足任何一点有 2 股消火栓水柱同时到达。

2）设置参数

现代医院建筑一般都是高层建筑，甚至超高层建筑，属于一类高层公共建筑，且为人员密集场所，可按《消防给水及消火栓系统技术规范》GB 50974—2014 表 3.5.2 高层公共建筑选取室内消火栓流量，火灾延续时间按表 3.6.2 中公共建筑选取，因医院建筑内火灾危险性大、火灾蔓延快，火灾延续时间按 3h 计。

3）消火栓布置

根据《消防给水及消火栓系统技术规范》GB 50974—2014 第 7.4.7 条：建筑室内消火栓应设置在楼梯间及其休息平台和前室、走道等明显易于取用，以及便于火灾扑救的位置；同一楼梯间及其附近不同层设置的消火栓，其平面位置宜相同。

由于医院建筑功能的复杂性，其存在以下特点：建筑平面尤其是门诊区域面积较大、内走道较多、不同楼层平面布局差别较大甚至完全不同，因此在室内消火栓布置时应根据具体平面和科室特点，因地制宜。特殊科室消火栓布置可参照以下要求：

（1）部分科室如中心供应室、洁净手术部、ICU、检验科、静配中心等存在"房中房"的情况，此时若仅在公共走道、楼梯间、电梯前室设置室内消火栓无法满足 2 股水柱同时到达，可结合科室布局和医疗流线将消火栓布置在房间内，前提是需保证消火栓能正常开启不小于 120°且不影响科室的使用。

上述"房中房"的科室在布置消火栓时，应避免出现消火栓水带穿过多个房间门才能到达保护点的情况，以防止火灾情况下消防员很难及时到达着火点，以及火灾时出现这些"房中房"的门无法开启的情况；

（2）中心供应室由污染区、清洁区和无菌区组成，供应室内严格按清洁、干燥、包装、灭菌、监测、无菌物品分类贮藏和发放等工艺流程顺序运行，不准逆行，因此中心供应室内的消火栓布置应结合工艺流程考虑，否则会造成消火栓无法取用的情况；

（3）洁净手术部一般包括手术室、苏醒室、无菌库房、洁净走廊、污物走廊等，手术室、无菌库房有洁净需求，消火栓不应暗装在这些房间的墙体上；同时因为手术室因净化要求其通常是设置的双层墙体，双层墙体内有各种设备管线、电缆等，因此消火栓不应暗装在双层墙体上；

（4）病房区的消火栓除了设在楼梯前室、电梯前室、一般会沿着医护用房走道布置，因病房走道两侧墙体上会设置防护栏，故不应在病房走道两侧的墙体上布置消火栓；

（5）门诊大厅、住院部大厅、医疗街等一般为几层通高的高大空间场所且东西跨度较长，消火栓优先布置在两侧较隐蔽的墙体上，若中间区域消火栓无法满足 2 股水柱到达，则应结合大厅平面及室内精装的要求在中间位置增设；

（6）室内消火栓宜优先设在附属用房（卫生间、污洗间、淋浴间等）及管井墙体上，在不能满足要求的情况下再在医疗功能用房墙体上安装；

（7）医院建筑除了普通停车库区、凹角处消火栓可挂柱子或墙体明装外，其他区域消火栓均应考虑暗装，以满足使用功能及美观需求。

4）消火栓选型

除普通的地下停车库区选用 800mm × 650mm × 240mm 的单栓室内消火栓箱外，医院建筑属于人员密集场所其他门诊、医技、住院部及人防区均应选用 1800mm × 700mm × 240mm 的带卷盘及灭火器的组合式栓箱。

2. 自动喷水灭火系统

1）设置范围

根据《综合医院建筑设计规范》GB 51039—2014 第 6.7.2 条、第 6.7.4 条：建筑物内除与水发生剧烈反应或不宜用水扑救的场所外，均应根据其发生火灾造成的危险程度，及其扑救难度等实际情况设置洒水喷头；血液病房、手术室和有创检查的设备机房，不应设置自动喷水灭火系统。

医院建筑中不宜用水扑救的场所有电气设备房、UPS 间、数据中心、贵重医疗设备间、洁净要求较高的房间（百级、千级）等，贵重设备间包括影像中心（CT、MR、DR、X 光室、钼靶室等）、介入中心（DSA）、核医学科机房（PEC 机房、ECT 机房、PET/CT 机房等）、放射治疗机房（直线加速器检查室/回旋直线加速器检查室）等；创伤检查即对身体器官造成伤害，包括穿刺活检、骨穿、胃镜及 CT\MR\DR 等。

2）设置参数

医院建筑一般由地下停车库、门诊医技、住院部、科研楼、行政办公等组成，停车库、住院部、科研楼、行政办公根据医院建筑的具体建筑高度、面积等情况采用中危险Ⅰ、Ⅱ级自动喷淋系统，中危险Ⅰ级自动喷水强度为 6L/(s·m²)、火灾延续时间 1h；中危险Ⅱ级自动喷水强度为 8L/(s·m²)、火灾延续时间 1h。而门诊医技内有中、西药房/库，一般以货架的形式储藏有大量医药及其包装的纸片、塑料盒等，可根据《自动喷水灭火系统设计规范》GB 50084—2017 表 5.0.4-2 中的仓库危险级Ⅱ级的多排货架考虑喷水强度及火灾延续时间，停车库中如果有机械停车库，可参照货架内置喷头仓库的设计计算方法确定设计流量，当仅有一层车架内置喷头时，车架内置喷头数可按 8 个计算；当为两层及以上车架内置喷头时，车架内置喷头数可按 14 个计算。

3）系统选型

在满足《自动喷水灭火系统设计规范》GB 50084—2017 相关要求的前提下，按如下形式选择系统形式：

（1）环境温度不低于 4℃，不高于 70℃的场所应采用湿式系统，否则采用干式或预作用系统；

（2）系统处于准工作状态时严禁管道漏水的场所应采用预作用系统，如贵重中药房、计算机房等；

（3）严禁系统勿喷的场所应采用预作用系统。

对于医院建筑内几个特殊房间或科室，自动喷水灭火系统按如下要求选型：

（1）名贵中药房：贵重药房或建筑面积小于 80m² 的病案室宜设置预作用自动喷水灭火系统；

（2）中心供应室无菌区：区内为净化洁净区且存放大量的无菌纺织品，既要防止不相关的管道漏水造成污染、又要保证纺织品火灾扑救的及时有效性，宜设置预作用系统或局部干式系统；

（3）疫苗库房：一般疫苗冷库的设计温度在 2～8℃，为防止漏水污染疫苗库，宜设置局部干式系统。

4）喷头选型要求

（1）病房应采用快速响应喷头，手术部洁净和清洁走廊宜采用隐蔽式喷头（手术室内不宜设喷头）；

（2）精神专科医院病房或医护人员监管不便的场所宜采用隐蔽式喷头；

（3）医院、疗养院的病房及治疗区域，老年、少儿、残疾人的集体活动场所、保护生命场所、超出消防水泵接合器供应楼层应采用快速响应喷头，其他场所采用标准型喷头；

（4）中心供应室高温消毒部位、蒸汽发生间、厨房等采用 93℃、换热机房和热水机房采用 79℃、其余均采用 68℃；

（5）有吊顶区域采用下垂型或吊顶型喷头，无吊顶的区域采用直立型喷头；

（6）医疗建筑的病房和办公室可采用边墙扩展型喷头。

3.气体灭火系统

1）设置范围

根据《建筑防火通用规范》GB 55037—2022 及《综合医院建筑设计规范》GB 51039—2014 第 6.7.3 条：医院建筑中除常规的开关房、变配电房等电气用房设置气体灭火外，还有 UPS 室、大型/贵重医疗设备间、病案室、信息中心（网络）、数据机房等需要设置气体灭火。贵重医疗设备包括影像中心（CT、MR、DR、X 光室、钼靶室等）、介入中心（DSA）、核医学科机房（PEC 机房、ECT 机房、PET/CT 机房等）、放射治疗机房（直线加速器检查室/回旋直线加速器检查室）、模拟机房及其控制室等需要设置气体灭火。各功能区域需设置气体灭火的房间见表 6-2。

气体灭火设置房间表　　　　　　　　　　　　表 6-2

功能区域	设置房间
直线加速器	直线加速器检查室、控制室、辅助机房
回旋直线加速器	回旋直线加速器检查室、加速器控制室
后装机房	后装机房检查室、控制室
CT 模拟	CT 模拟、控制室
DR 模拟	DR 检查室、工作站

功能区域	设置房间
MRI	控制室、设备间
CT	CT 检查室、设备间
DSA	DSA 检查室、控制室、设备间
DR	DR 检查室、工作站
其他区域	信息机房、变电站、USP 间

2）设计灭火浓度

常见的气体灭火系统一般有七氟丙烷其他灭火、二氧化碳气体灭火、热气溶胶等，设计中通常采用七氟丙烷灭火系统，根据《气体灭火系统设计规范》GB 50370—2005 第 3.3.1 条~第 3.3.5 条规定：开关房、变配电房、UPS 室等其灭火设计浓度宜采用 9%；病案室\资料库等灭火设计浓度宜采用 10%；信息中心（网络）、数据机房等灭火设计浓度宜采用 8%；大型医疗设备间灭火设计浓度宜采用 8%。防护区实际应用的浓度不应大于灭火设计浓度的 1.1 倍。

3）泄压口

泄压口宜设置在外墙，其面积应按其他灭火系统设计规定计算。防护区应设置泄压口，七氟丙烷灭火系统的泄压口应位于防护区净高的 2/3 以上；对于设有吊顶的防护区，泄压口应一般设置在吊顶以下 100mm 左右，无吊顶区域泄压口一般设置在梁下 100mm 左右。对于电气用房、信息机房等无辐射的设备间，其泄压口垂直于墙体直接开在墙体上，对于有防护要求的设备间（如直线加速器设备间），其泄压口设置应满足屏蔽和防护要求（防护混凝土的尺寸由防护专业提供），具体设置见图 6-15。

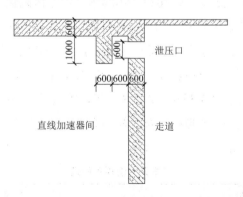

图 6-15　有防护要求设备间泄压口设置示意图

4．灭火器

医院建筑火灾危险性较大，灭火器对初期简单火灾至关重要及有效，灭火器的火灾危险性及选型如下：

1）根据《建筑灭火器配置设计规范》GB 50140—2005 表 D：以下应按严重危险级配

置：贵重设备或可燃物较多的实验室；住院床位在 50 张及以上医院的手术室、理疗师、透视室、心电图室、药房、住院部、门诊部、病历室等；

2）高压氧舱内应采用不燃的惰性气体为驱动的清水型灭火器；

3）洁净手术室内外均需配置气体灭火器，通常采用二氧化碳灭火器；

确定火灾危险等级及灭火器的类型后，可根据现行国家标准《建筑灭火器配置设计规范》GB 50140 进行设计。

5. 其他消防系统

1）厨房灭火系统

餐厅建筑面积大于 1000m² 的餐馆或食堂，其烹饪操作间的排油烟罩及烹饪部位应设置自动灭火系统，并应在燃气或燃油管上设置与自动灭火系统联动的自动切断装置。在实际项目设计过程中，面积大于 500m² 的厨房建议设置。厨房专用灭火系统应满足现行团体标准《厨房设备灭火装置技术规程》CECS 233 的要求。

2）污衣被服收集竖井灭火系统

火灾时污衣被服收集竖井极易产生烟囱效应，烟气沿着竖井蔓延速度较常规情况快得多，为防止火灾蔓延应在污衣被服收集竖井顶部和每层井筒开口处设置自动喷水灭火系统。

3）悬挂式干粉灭火装置

超细干粉灭火装置具有以下优点：

a. 灭火的有效性强：具体体现为能实现无源自发启动，能在着火初期将火灭掉，实现早期抑制，减少损失。

b. 系统简单、成本低：超细干粉自动灭火装置不需要设置专门的储瓶间，占地面积小，无需电源和复杂的电控设备及管线，无需专门的烟、温感探测器，避免了误操作的可能，系统施工简单、可靠性高，节约了建筑面积，大幅度降低了工程造价。

c. 灭火剂用量小、灭火费用低：传统固定式气体灭火系统把较大封闭空间的房间作为防护区，而超细干粉自动灭火装置只按保护对象计算面积或体积来确定灭火剂的用量，用量大为减少，降低了一次灭火的费用。

由于超细干粉灭火装置有上述优点，在医院建筑设计工程中柴油发电机储油间、制冷机房控制室及强、弱电井等位置设置悬挂式超细干粉灭火装置（全淹没灭火方式），其主要由灭火剂贮罐、超细干粉灭火剂、喷头、感温元件、引发器、压力指示器等组成，启动方式有两种：

温控型：当环境温度上升至设定公称值（一般为 68℃）时，灭火装置上的阀门自动开启，释放超细干粉灭火剂灭火。根据《干粉灭火装置技术规程》CECS 322:2012 的要求，当采用感温元件启动时，灭火装置总数不得超过 6 具，且应在 1s 内全部启动。

温控型适用于在一个防护区安装 6 个以下的灭火装置时，可以只采用温控启动方式启动。温控启动方式可用于没有任何外来电信号和动力电源的情况下，自动启动灭火，实现全天候无人值守。

电控型：通过电引发器能与所有火灾报警控制器联动，并具有灭火信号反馈功能。通过感烟、感温（或远红外火焰探测等）探测器发现火灾信号时，由火灾报警控制器确认火警，并发出启动灭火指令至干粉（气体）灭火控制盘，灭火控制盘经过延时后输出启动电流至灭火装置，灭火装置随即打开阀门释放灭火剂灭火。根据《干粉灭火装置技术规程》CECS 322:2012 中规定，当采用电引发器启动时，灭火剂总用量不宜超过 50kg，且应设自动联动启动系统。

电控型适用于防护区内安装了 6 个以上的灭火装置或对灭火要求更高的场所。电控启动需要与报警系统联动，当区域发生火灾时，经灭火控制器判断的确发生火灾后，超细干粉灭火装置实施灭火。

在医院建筑设计工程中，推荐采用电控型超细干粉灭火装置，火灾时将火灾信号反馈到消防控制室并经控制器喷射灭火剂。

6. 特殊场所消防

1）洁净手术部

（1）与手术室、辅助用房等相连通的吊顶技术夹层部位应采取防火防烟措施，分体隔墙的耐火极限不应低于 1.0h；

（2）洁净手术部应设置自动灭火消防设施，洁净手术室内不宜布置洒水喷头；

（3）当洁净手术部需要设置消火栓系统时，消火栓宜设置在清洁区的楼梯口附近或走廊、不应设置在手术室内，当必须设在洁净区时应采取相应的措施；

（4）当洁净手术部不需要设置室内消火栓时，应设置消防软管卷盘等设施；

（5）洁净手术室内外均需配置气体灭火器（常采用二氧化碳灭火器），其设置数量和规格均应符合现行国家规范。

2）药房/库

医院建筑内药房/库一般以货架的形式储藏有大量医药及其包装的纸片、塑料盒等，较常规场所的火灾危险性大，一旦发生火灾其蔓延速度较快，因此药房的自动喷淋系统至关重要，参照江苏省《民用建筑水消防系统设计规范》DGJ 32/J92—2009 第 9.1.1 条：民用建筑中的仓储用房，单间仓储面积地上 > 100m²、地下 > 50m²，或总面积大于 500m² 时，应按仓库的防火设计要求设置防火设施，故药房/库的自动喷淋系统可根据《自动喷水灭火系统设计规范》GB 50084—2017 表 5.0.4-2 中的仓库危险级 II 级的多排货架考虑。

（1）普通药房/库：除设置常规自动喷水灭火系统外，还应根据货架高度核实是否需增设货架内喷头。由于医院药库内大量存放纸盒包装的药品，火灾危险等级建议按照仓库危险 II 级考虑，设计参数详见《自动喷水灭火系统设计规范》GB 50084—2017 表 5.0.4-2，同时需满足消火栓 2 股水柱同时到达任何位置。

（2）贵重药房：贵重药房或建筑面积小于 80m² 的病案室宜设置预作用自动喷水灭火系统，同时需满足消火栓 2 股水柱同时到达任何位置。

3）高压氧舱

氧舱的功能区分为治疗区（氧舱大厅和常压吸氧区）、配套设施区（空压机房、储气房、氧气房、维修间等）、医疗办公区（候诊厅、挂号室、诊室、输液室、值班室、卫生间等）。图 6-16 为某项目高压氧舱平面示意。

（1）高压氧舱房应为一、二级耐火等级的建筑，室内的装饰材料应选用不燃烧材料或经过阻燃处理的材料。

（2）高压氧舱内不得使用有毒、有气味的气体及灭火剂，如七氟丙烷、二氧化碳、泡沫等灭火器均不能使用的，应采用不燃的惰性气体为驱动气体的清水灭火器。

（3）《氧舱》GB/T 12130—2020 规定：多人氧舱应设有独立的消防系统。每个舱室应当设置独立的消防控制装置，且能从舱内和舱外任意一侧通过手动操作阀门开启向舱内地板及座位均匀喷水，消防控制装置应具有防止误操作功能。消防系统的喷水动作响应时间不超过 3s，喷水强度不小于 50L/(m² · min)，供水时间应不小于 1min。

（4）高压氧设备组成：高压氧舱、高压氧舱空气加减压系统、氧气供排系统及高压氧舱应急处理系统组成，其中应急处理系统包括空气吸入系统、舱内消防系统。

（5）启动流程：舱内突发火灾事故时立即关闭氧仓电源和舱内供氧阀，启动舱内空气吸入系统和消防灭火系统，紧急减压。

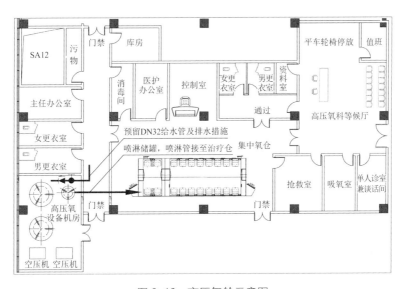

图 6-16　高压氧舱示意图

4）疫苗库房

设置冷库、低温冷柜或冰箱冷藏箱，一般疫苗冷库的设计温度在 2～8℃。较常见的冷库失火原因表现在电线老化、短路，应按规范要求设置自动喷淋和消火栓系统。

因其内为低温 2～8℃ 且防止消防漏水污染疫苗库，建议疫苗库内设置由电磁阀控制启闭的局部干式系统。

药品的冷藏温度一般分为冷库、阴凉房、常温库，冷库温度保持在 2～8℃，阴凉房不高于 20℃，常温冷库一般在 0～30℃，各冷库相对湿度应保持在 45%～75%；胰岛素冷藏盒等生物医药剂是 2～8℃。

药品、疫苗保存的保存条件及时间要求见表 6-3。

药品、疫苗保鲜条件 表 6-3

品名	保鲜温度	时间	其他注意事项
BGG	2～8℃	2 年	避光
改良 DTP	2～8℃	18 个月	防冻
B 型干炎	2～8℃	2 年	冷冻或超保鲜温度药效降低
灰白髓炎（注射用）	2～8℃	1 年	防冻，在 14℃以下保管
灰白髓（口服用）	0℃以下	1 年	解冻后不超过 8℃可冷冻使用
麻疹	2～8℃	1～2 年	避光冷冻保管
风疹	−8℃	1～2 年	避光冷冻保管
MMR	2～8℃	1～2 年	避光
日本脑炎	2～8℃	15 个月	
流感	2～8℃	1 年	冷冻保管药效降低
水痘	−15～−20℃	14 个月	冷冻保管

5）制剂室

分普通制剂室、无菌制剂室及中药制剂室，制剂室内存在石蜡、凡士林、苯等，醚类及医用乙醇等甲类固体和液体，除建筑防火要求外应根据其火灾类型选择灭火器，并设置自动喷淋和消火栓系统。

6）中心供应室

由污染区、清洁区和无菌区组成，供应室内严格按清洁、干燥、包装、灭菌、监测、无菌物品分类贮藏和发放等工艺流程顺序运行，不准逆行，因此，中心供应室内的消火栓布置应结合工艺流程考虑，否则会造成消火栓无法取用的情况。

无菌区：区内洁净度为万级净化且存放大量的无菌纺织品，既要防止不相关的管道漏水造成污染，又要保证纺织品火灾扑救的及时有效性，该区域喷淋宜设置预作用系统或局部干式系统。

7）液氧储罐区

地面设置其周围 5m 范围内不应有可燃物和沥青路面，与医疗卫生机构建筑的防火间距应符合《建筑设计防火规范》GB 50016—2014（2018版）第4.3.3条要求，在15～40m范围内应设有室外消火栓保护。

6.4 工程实施过程中常见问题及处理

6.4.1 用水量计算

医疗建筑计算用水量前需确定院内各类人员数量，一般由医院或建筑专业提供，但在设计前期一般无法获得医务人员、门急诊患者、行政及后勤、科研人员等各类人员的数量。给水排水专业计算各类人员数量时可根据医院床位数来定，具体可见《中医医院建设标准》（建标 106—2021）、《综合医院建设标准》（建标 110—2021）及《综合医院建筑设计规范》GB 51039—2014。日平均门急诊人数：方案或初设阶段可按床位数的3倍，有专科特色综合医院可按床位数的4倍确定，特殊或者医疗资源紧张的地区（如深圳市）医院可按床位数5倍确定。施工图阶段可按每个诊位每日50～60人次确定。

日最大门急诊人数：可按1.5倍日平均门急诊人数确定。

此外，不同规范对医院建筑用水量计算中的参数选用不同，如《建筑给水排水设计标准》GB 50015—2019用水定额及时变化系数表，单独卫生间、医务人员的用水定额与《综合医院建筑设计规范》GB 51039—2014中相同，但是时变化系数不同，会出现最大时用水量不同的情况，此处建议按《综合医院建筑设计规范》GB 51039—2014执行。

6.4.2 给水系统计量

医院建筑用水量大，节水管理是节约用水的重要一环，设计阶段应按绿色建筑、医院管理要求进行分级计量，按用途及管理单元合理设置用水计量装置。但在实际应用中也存在一些问题，如医疗功能区域（科室）在平面上划分不严格，难以完全满足按科室计量；计量水表设置较多，水表不易获取数据；淋浴器刷卡计量装置的高维修率等。针对这些反馈的问题，结合当前医院建筑能耗监管系统发展趋势，建议如下：

1）宜优先考虑分级计量、考核要求及管网布置合理性。在此基础之上，尽可能与医疗建筑工艺专业配合，合理划分各层给水分区，以建筑功能布局合理优先，不刻意追求分科室计量。除入户计量（一级）总表以外，可按门诊、医技、病房、后勤、行政、教学等各大功能区设置二级计量。其中门诊、医技和病房宜分楼层、分科室、护理单元设置三级计量；后勤部分可根据内设功能，包括洗衣房、营养厨房、锅炉房、冷冻机房等设置三级计量。

2）宜采用数字化远传水表，与基于物联网的在线能耗监测平台相结合，便于后期用水数据分析，针对性采取节水措施。

3）应采用优质可靠的计量装置，避免管理上的纠纷，同时也降低维修率。

6.4.3 供水系统安全性

医院建筑用水点多且较分散、对用水安全性要求较高，医院运行中存在不允许停水或需要双路水源的区域，如洁净手术室、血液透析中心等。故医院给水系统设计时应重视其供水安全可靠性，具体措施如下：

1）手术室及血液透析中心双路进水：手术室冷热水设计双路进水，可利用加压一区、二区同时供水，且在各路供水管上设置止回阀，超压时设置减压阀。

2）环状、分片区供水：市政管网为环状，院区设计双路进水且给水管在室外呈环状布置；在室内按科室分片区设置给水立管，每根立管的服务距离不宜太长、同一楼层供给的科室尽量不要超过 2 个，有条件时立管可竖向成环布置。

3）水箱容积适当加大：按《建筑给水排水设计标准》GB 50015—2019 建筑物内生活水箱容积宜为最高日用水量的 20%～25%，建议将水箱容积增加，有条件时预留一台给水加压泵。

4）预留市政供水分区的加压接口：预留市政压力供水范围内给水分区的快速接口，当市政管网停水时物业人员将加压分区给水管与预留的快速接口连通供给市政直供楼层（可将信号反馈到 B/A 系统）。

5）预留室外市政供水接口：当市政单路进水时，可在生活泵房内水泵共用吸水管上预留给水接口，预留给水管道另一端的接口设置在室外便于取水车打水的地方，室外供水接口应采取安全防护措施。

6）同一供水主管上接出不同用水单元或不同功能的支管时，在支管上设置控制阀门，避免某一处需关闭阀门检修时造成大面积的停水，分支管道上设置的阀门应便于维护操作。

7）有条件时可将室内给水立管竖向成环，同时可采用电动远程控制阀门，对医院给水系统进行远程智慧化控制管理，提升医院给水系统的安全性。

8）将各分区干管、供水主管上的减压阀信号反馈到医院的 B/A 系统，进行实时反馈、监控。

6.4.4 排水管道敷设

医院建筑各科室、房间功能复杂多样，排水点不仅多而且分散，不同科室、房间的排水水质不同需要单独设置排水系统，从而导致排水管道数量较多。针对这种情况需在设计前期时按科室、分片区设置水管井，水管井的服务距离宜为 30～40m，若水管井过长则重力排水横管坡降大而影响走道的净高。排水立管尽量布置在水管井、清洁间、污物间等辅助性房间内。

此外，一些科室、医疗间由于医疗工艺及流线的需求，导致部分科室（洁净手术部洁区、中心供应室无菌区、新生儿室等）、医疗设备间、净化区、特殊医疗房间、夜间值班室等的上方不可避免地会有排水点。而上述医疗区域、房间由于医疗设备、噪声、洁净需求等不允许布置排水管道及排水管道的穿越，为满足上述要求排水管的敷设有两种方案：

一是采取局部降板的同层排水，根据排水管道转折的长度来确定降板垫层的厚度，降板深度需合理、不宜过大，同时建议降板内设置地漏做二次排水；

二是排水立管可考虑在上一层吊顶内转至附近的水管井、清洁间内敷设；再者，若是排水管无法避免会进入某些功能房间，可在排水管外增设密闭托管，以便将排水管的渗水接走。

因此，合理地布置排水管道非常重要，既能快速、安全地排放不同科室的医疗废水，少占室内空间及减少对室内精装的影响，又能避免不同科室的相互交叉感染。

6.4.5　特殊科室排水处理

1. 废水处理的必要性及要求

医疗废水中往往都含有很多有害物质，其中包括带病原体、重金属、酸碱、消毒剂、其他一些放射性物质等，这些没有经过严格消毒和净化的废水，如果直接排放到城市下水管道，势必会给居民健康和生态环境造成严重的危害。

因此，合理、规范地处理医疗废水，采用现代化废水处理设备和多种处理工艺，对不同科室的各类医疗废水进行有效的预处理，再进入医院内污水处理站集中处理后，水质满足国家现行标准《医院污水处理工程技术规范》HJ 2029、《医疗机构水污染物排放标准》GB 18466、项目的环评批复、当地环保相关要求，方可排放到室外市政污水管网。避免医疗废水污染人类生存环境，切实保障自然水资源安全。

2. 医疗废水处理的基本原则

1）坚持全过程的准则：对于医疗废水处理的整个过程的掌控，包括废水的产生，对其进行处理后安全排放的每个环节都要切实保障合理规范的操作。

2）坚持就地处理：就地处理可以降低医疗废水在输送过程中的危害与污染。

3）减量化原则：控制和分离废水的发源地，集中收集医院医疗废水，从而避免将没有经过处理的废水排放到城市下水管道。

4）生态安全原则：有效去除废水中的有毒、有害等物质，并减少处理中余氯等物质的产生，确保废水达标排放。

3. 各类医疗废水处理工艺及要求

各类医疗废水处理工艺及要求详见图 6-17。

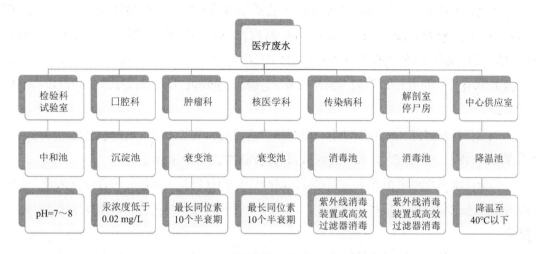

图 6-17 各类医疗废水处理工艺及要求

注：上述预处理设备间布置时需考虑以下问题：
1）预处理机房宜就近设在该科室下方；
2）处理机房内需设置紧急排水措施；
3）净化区域内有洁净度的要求，排水横管应尽量避开净化区域或采用上层垫层内敷设，若无法避开则需在排水管下设密封托槽/托管，将托槽/托管的渗水排至洁净区外。

6.4.6 大型医疗设备条件预留

综合医院中医技的科室较多，特别是影像科（CT、MR、DR、X 光室、钼靶室等）、介入中心（DSA）、核医学科机房（PEC 机房、ECT 机房、PET/CT 机房等）、放射治疗机房（直线加速器机房）、牙科等有多种大型医疗设备，为满足这些医疗设备供电电缆、冷却水管、排水、设备基座等的安装，设计阶段需预留其相关条件，如设备基坑、管线安装降板降槽，具体如表 6-4 所示。

各科室设备安装条件表　　　　　　　　　　　　　　　　　　表 6-4

设备名称		安装条件
中心供应室	大型清洗机	1. 排水管径：不锈钢材质、DN100 2. 供水管径：不分主分管、2 路水、DN25 3. 疏水管管径：不锈钢材质、DN50（蒸汽加热则增加此项）
	单腔清洗机	1. 排水管径：不锈钢材质、主管径 DN200、分管径 DN100 2. 供水管径：主管径 DN50、分管径 DN25 3. 疏水管管径：不锈钢材质、DN50（蒸汽加热则增加此项）
	多腔清洗机	1. 排水管径：不锈钢材质、DN100 2. 供水管径：DN25 3. 疏水管管径：不锈钢材质、DN50（蒸汽加热则增加此项）
	高温蒸汽灭菌器 （≥1000L，合维修阀）	1. 排水管径：不锈钢材质、主管径 DN150、分管径 DN100 2. 供水管径： a. 冷却水：主管径 DN50、分管径 DN25 b. 锅炉用水：主管径 DN25、分管径 DN20 3. 地面降板：300mm 4. 疏水管管径：不锈钢材质、DN50（蒸汽加热则增加此项）

设备名称		安装条件
中心供应室	高温蒸汽灭菌器（≤1000L，含维修空间）	1. 排水管径：不锈钢管质、主管径 DN150、分管径 DN100 2. 供水管径： 　a. 冷却水：主管径 DN50、分管径 DN25 　b. 锅炉用水：主管径 DN25、分管径 DN20 3. 疏水管管径：不锈钢材质、DN50（蒸汽加热则增加此项）
	甲醛蒸汽灭菌器（含维修空间）	1. 排水管径：不锈钢管质、主管径 DN150、分管径 DN100 2. 供水管径： 　a. 冷却水：主管径 DN50、分管径 DN25 　b. 锅炉用水：主管径 DN25、分管径 DN20
	环氧乙烷灭菌器	排气管径（尾气）：钢管材质、高于棱顶 5m，避开窗口，周围 50m 无住宅区
	水处理设备	1. 排水管径：不锈钢材质、DN50 2. 供水管径：DN50
MRI		1. 降板 300mm（不含在 3.5m 高度内） 2. 设备间预留给水排水 3. 设备上方不得有洗手间等排水性工程；房间内不应设消防喷淋，配备无磁灭火器
CT		1. 降板 200mm（不含在净高 2.8m 内） 2. 设备间留排水口
DSA		1. 设备间留排水口 2. 降板 200mm（不含在高度内）
DR		降板 200mm（不含在高度内）
医用电子直线加速器（LA）		1. 治疗室考虑精密空调的排水以及冷凝水的预防和处理 2. 水冷机房要预留一个自来水入水口和地漏
牙科	牙椅	中心点安装孔（电、水、气等敷设在下一楼层顶棚内）安装孔直径 ≤150mm
	负压泵	1. 预留水源接口（管径 DN20） 2. 预留排污管（管径 DN50） 3. 预留地漏 4. 抽吸管、排气管，排水管的材质建议采用 PVC-U 管 5. 负压泵应低于牙椅地箱高度
	正压泵	1. 预留水源接口（管径 DN20） 2. 牙椅前设排水装置
	纯水机（微酸水消毒系统）	1. 原水尽量使用市政自来水，原水管径必须大于系统设备进水管径 2. 供水水压 0.2~0.3MPa，不能确保水压时需设置恒压阀 3. 微酸水输送管道建议使用 PPR 或 UPVC 材质管路 4. 纯水系统可与牙椅水路消毒切换使用，但禁止纯水系统与直饮水储水罐及管网相连相通

6.4.7　给水排水管材选用

医院建筑中各科室、排水点处的排水水质差异较大，部分科室如检验科、牙科、核医学、感染科等的排水中含有酸碱、重金属、放射性、传染病菌，中心供应室消毒凝结的高温废水等。针对不同科室不同水质及水温需采用不同的排水管材，如检验科、PCR 区污废排水管可采用耐腐蚀的 PVC-U 塑料管，肿瘤科、放射科排水需防放射性外泄，可采用含铅机制铸铁排水管、不锈钢管等。有磁场屏蔽要求场所的排水管可采用紫铜管、塑料管等非磁性管材，或采用铅板包封。住院部、手术部等对噪声要求高的场所排水管宜采用机制排水铸铁管，中心供应室因其高温消毒凝结水温度较高，其排水管材应采用耐高温的不锈钢管，管外壁包裹不小于 50mm 厚的隔热材料及铝箔等防烫措施。

6.5 典型医院建筑给水排水设计案例

6.5.1 项目概况

本项目建设用地位于南山蛇口片区工业七路，院区内总用地面积：22670.7m²，院区整体规划床位数 800 床，蛇口人民医院内科综合大楼在院区用地范围内进行改扩建，本项目用地面积：10558.66m²，内科综合大楼地上 22 层，地下 3 层，总建筑面积 92100m²，其中地上计容建筑面积 65100m²，地下车库及设备用房建筑面积 27000m²，地上 5 层医技裙楼，17 层住院部，建筑总高度 99.790m（首层室外高差 300mm），建筑幕墙屋架总高度 108.290m；地下室为停车库及设备用房，其中地下三层设置有人防中心医院，地下室总停车位 400 辆，其中充电车位 190 辆。

6.5.2 主要系统及设计参数

1. 给水系统

本项目周边市政供水管网为环状，水压约为 0.25MPa，给水加压机房设置在地下二层，在充分利用市政水压的前提下进行给水系统分区，具体如下：

直供区：1F 及以下楼层由市政环网直接供水；

加压 1 区：2F～6F 由低区变频泵组加压供水、超压楼层设置减压阀；

加压 2 区：7F～14F 由中区变频泵组加压供水、超压楼层设置减压阀；

加压 3 区：15F～22F 由高区变频泵组加压供水、超压楼层设置减压阀。

本项目设置 1 处地下室生活泵房，其内生活水箱有效容积为 184m³，最高日用水量为 1360m³/d、最大时用水量为 174.8m³/h。

2. 热水系统

本项目采用全天候的闭式集中热水供应系统，24h 连续热水供应、机械循环，热水机房分两处设置，门诊医技和住院部低区的热水机房设置在地下 2 层、住院部高区的热水机房设置在屋顶，地下 2 层热水机房与冷水机房毗邻。

热水系统热源：裙楼区和住院部低区采用空调余热回收、空气源热泵机组及电辅助加热；住院部高区采用太阳能、空气源热泵机组及电辅助加热。

系统分区：同生活给水系统，各分区压力不超 0.45MPa、分区中压力超过 0.20MPa 的楼层采用支管减压。

热水机房分设两处,门诊医技和住院部低区的热水机房设置在地下2层、住院部高区的热水机房设置在塔楼屋顶,本项目热水最高日用水量为 394.7m³/d,最大时用水量 59.8m³/h,设计小时耗热量 2211.1kW。

裙楼区和住院部低区:空调季先采用波节管型半容积式换热器利用空调余热进行预热,再利用裙房屋面的空气源热泵机组将热水继续加热至所需温度55℃;非空调季,由裙房屋面的空气源热泵机组对闭式储水罐进行直接加热至50℃,并启动热泵机组自带的电辅助加热器将热水继续加热至所需温度55℃。

住院部高区:先由太阳能对闭式储水罐进行直接加热,再由塔楼屋面设置的空气源热泵机组将热水继续加热至所需温度55℃。太阳能无法利用的情况下,由塔楼屋面设置的空气源热泵机组对闭式储水罐进行直接加热至50℃,并启动热泵机组自带的电辅助加热器将热水继续加热至所需温度55℃。

3. 给水用水量计算

给水用水量计算见表6-5。

设计给水量计算表

表6-5

用水名称	使用数量 (人次、m²、m³、床)	用水定额	用水时间 (h)	时变化 系数	最高日用水量 (m³/d)	最大时用水量 (m³/h)
住院部病房	800 床	400.0L/(床·d)	24	2.00	320.0	26.7
门急诊患者	4000 人	15.0L/(人·d)	12	2.50	60	12.5
医务人员	1247 人	200.0L/(人·d)	24	2.00	249.4	
	850 人	200.0L/(人·d)	8	2.00		42.5
后勤人员	340 人	80.0L/(人·d)	8	2.50	27.2	8.5
员工食堂	1560 人·次	20.0L/(人·次)	12	1.50	62.4	7.8
车库冲洗	17600m²	2.0L/(m²·次)	4	1.00	35.2	8.8
绿化、道路浇洒	3800m²	2.0L/(m²·d)	4	1.00	7.6	1.9
冷却塔补水		30.0m³/h	12	1.00	360.0	30.0
		10.0m³/h	12	1.00	120.0	10.0
未预见水量		10%			123.6	15.9
合计					1360.04	174.8

4. 热水用水量计算

热水用水量计算见表6-6。

设计热水量计算表

表6-6

用水名称	使用数量 (人次、m²、m³、床)	用水定额	用水时间 (h)	时变化 系数	最高日用水量 (m³/d)	最大时用水量 (m³/h)
住院部病房	800.0 床	200L/(床·d)	24	2.00	160.0	13.33
门急诊患者	1620.0 人	5L/(人·d)	12	2.50	8.1	1.69

续表

用水名称	使用数量 （人次、m²、m³、床）	用水定额	用水时间 （h）	时变化 系数	最高日用水量 （m³/d）	最大时用水量 （m³/h）
医务人员	1220.0 人	100L/（人·d）	24	2.00	122.0	
	850.0 人	100L/（人·d）	8	2.00		21.25
后勤人员	340.0 人	40L/（人·d）	8	2.50	13.6	4.25
员工食堂	1250.0 人·次	10L/（人·次）	12	1.50	31.2	3.13
未预见水量	10%				33.5	4.4
合计					368.4	48.0

6.5.3 主要系统简图

冷热水系统简图见图 6-18。

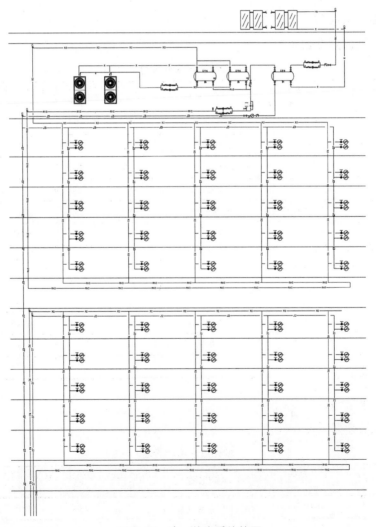

图 6-18 冷、热水系统简图

6.5.4　工程特点介绍

本项目是独立的一栋医疗外科综合大楼，主要由地下停车库、裙房门诊医技、塔楼住院部组成，与其他功能区（住宅、公寓等）完全分离，各区生活给水、热水设备均独立设置于地下室，方便物业操作维护及管理。

给水系统：在地下 2 层设置 1 个生活水泵房，除首层及以下采用市政水压供水外，其他楼层按压力分区设计并采用变频加压供水，即充分利用市政水压、又采用变频节能装置减少院区供水系统运行的费用。

热水系统：生活热水采用集中热水供应系统、24h 全天候供应。热水供应系统采用半容积式热交换器换热，采用机械式循环，热媒尽可能采用绿色环保能源并充分利用二次能源，如裙楼区和住院部低区热媒采用空调制冷主机余热回收、空气源热泵机组及电辅助加热；住院部高区采用太阳能、空气源热泵机组及电辅助加热，高低区空气源热泵选型分别满足在阴雨天气和非空调季的全部热负荷，热水储存设计温度为 55℃、回水温度为 50℃，并设置银离子消毒。

排水系统：室外采用雨、污分流，室内住院部卫生间采用污废分流，门诊医技卫生间采用污废合流，地上部分排水采用重力流，地下室及下沉庭院采用压力流排水，洁净手术部、检验科、中心供应室、放射科等排水单独收集并经过预处理设施，厨房等含油废水经隔油池处理后，汇总院区内的污废水一起排至污水处理站处理达标后，再排至市政污水管网。

雨水系统：塔楼屋面采用重力流雨水系统、裙房屋面采用虹吸雨水系统，雨水集中收集后排至室外雨水管道，室外地面雨水经雨水口收集接至室外雨水管，再汇聚园区雨水排至市政雨水管网。

6.5.5　建成效果

项目效果见图 6-19。

图 6-19　蛇口人民医院效果图

6.6 本章小结

医院建筑有别于一般建筑，被称为特殊建筑的一种。这一特殊性来源于"医疗体系"所具有的专业性、多样性、复杂性等。医院是百姓生活的窗口，与人民的生活息息相关。现代医学科学发展日新月异，新技术、新医疗设备层出不穷，因此，对医院建筑的要求也越来越高，同时对作为医院建筑重要配套设备的给水排水也提出了更高的要求。

给水排水系统作为服务日常功能的基础设施，其设计必须要能满足各项医疗设备、措施的要求，满足医务人员、病人及其护理人员的日常工作及生活的需要。医院建筑给水排水的设计，不仅要从医院的建筑功能上做考虑，还要符合医院的实际使用要求。给水排水设计所涉及的各项内容，既要考虑医院各设备的使用差异性、特殊性，又要考虑其共同性、合理性，利用有限资源，降低成本；且必须安全可靠、高效节能。

医院社会价值的实现，不仅需要通过促进自身诊疗水平的提高来满足社会经济发展的客观要求，还需要从医院自身的基础设施入手，促进其硬件服务能力的增强，从多个维度全面推动我国医疗卫生服务体系的建设。给水排水系统作为医院后勤体系建设的重要方面，在医院日常水源供应、消防用水的输送以及废水排放等方面发挥着巨大的作用。

本章对医院建筑给水排水设计中的疑难问题和工程中常见问题进行了分析，并给出了相应的解决方案，希望能为医院建筑给水排水的设计提供参考。

第 7 章

教育建筑给水排水设计

7.1 教育建筑分类

教育建筑是指人们为了达到特定的教育目的而兴建的教育活动场所，包含幼儿园、中小学校、高等院校等。

7.1.1 幼儿园

幼儿园是供 3～6 周岁的幼儿保育教育的场所，是对幼儿进行体、智、德全面发展的学前教育机构。

7.1.2 中小学校

中小学校主要服务对象为年龄 6～18 周岁左右的学生，是对青、少年实施初等教育和中等教育的学校，包括完全小学、非完全小学、初级中学、高级中学、完全中学、九年制学校等各种学校。

7.1.3 高等院校

高等院校是大学、学院、独立学院、高等职业技术大学、高等职业技术学院、高等专科学校的统称，简称高校。从学历和培养层次上讲，包括专科、本科、硕士研究生、博士研究生。其中大学一般指综合型普通高等院校，学院包括了医学院、工学院、商学院、师范学院、青年政治学院、管理学院、农学院、政法学院、警察学院、旅游学院、戏曲学院、音乐学院、交通学院、美术学院，高职高专包括职业技术学院、职业学院、高等专科学校等。

7.2 教育建筑给水排水设计重难点问题分析

教育建筑是人们为了达到特定的教育目的而兴建的教育活动场所，其设计要求实现教育功能和生活服务功能并重。根据功能规划设有教学用房、教学辅助用房、行政用房、服务用房、运动场地、图书、实验楼、宿舍楼等。教育建筑不同的功能要求决定了在进行给水排水设计时需要关注的重点难点，与其他类型的公共建筑也有所不同。

7.2.1 宿舍给水系统

宿舍是教育类建筑的重要组成部分之一，包含学生宿舍和教师宿舍。《宿舍建筑设计规范》JGJ 36—2016 根据使用要求和每室居住人数，将宿舍分为五类，1 类、2 类、3 类、4 类、5 类，每类居住人数分别为 1 人、2 人、3～4 人、6 人、≥8 人。根据宿舍标准的不同，有的宿舍居室内设卫生间，有的宿舍仅设置有公用盥洗卫生间和淋浴间。宿舍的用水情况受居住人数、人员类别、卫生间配置、所处地域、管理方式等多种因素的影响。

宿舍给水系统计算时的参数选择存在着不少争议。常金秋对上海地区某全日制 3 类学生宿舍的研究结果显示，该学校仅设置公用盥洗卫生间和淋浴的 3 类宿舍的生活用水最高日小时变化系数为 2.53～2.48，此数值小于《建筑给水排水设计标准》GB 50015—2019 规定的 3.0～6.0；朱明聪对多个高校学生宿舍用水情况的调查结果表明，部分高校学生宿舍 70%左右的用水量消耗在早、中、晚三个时段的约 6 个小时内，计算的小时变化系数 K 值为 3.5，此数值大于《建筑给水排水设计标准》GB 50015—2019 居室内设卫生间宿舍的最高日小时变化系数 2.5～3.0。黄裕在佛山某居室内设置有单独淋浴、洗脸盆和大便器的宿舍楼设计时，按照《全国民用建筑工程技术措施—给水排水》居室内设卫生间的宿舍选择公式和系数进行计算，学校开学 9 个月的时间里，各系统均运行良好。

《建筑给水排水设计标准》GB 50015—2019 第 3.7.6 条的条文和条文说明对宿舍的计算方法进行了规定：宿舍（居室内设卫生间）、旅馆、酒店式公寓、医院、幼儿园、办公楼、学校等建筑生活用水特点是用水时间长，用水设备使用情况不集中，采用平方根法计算用水秒流量。宿舍（设公用盥洗卫生间）归为用水密集型建筑，用水相对集中，采用概率法计算秒流量。学生宿舍（居室内设卫生间）的实际使用情况在一定程度上存在用水时间短，用水设备使用情况集中的特点，一般按照概率法计算的给水秒流量会大于按照平方根法计算的给水秒流量。韩高锋在某高校学生宿舍设计时，发现某些情况时按照平方根法计算的给水秒流量大于概率法计算的给水秒流量，因此建议用水时间集中的宿舍建筑（居室内设卫生间）在给水设计中，应按照概率法和平方根法分别计算，按照两者计算的高值进行设备选型和管网计算，以确保能满足高峰期用水要求。

针对学校宿舍建筑（居室内设卫生间）与其他宿舍建筑不同的用水特点，在当前监测设备日趋成熟的条件下，给水排水研究机构及人员需针对不同地域的不同类型学校宿舍建筑用水现状进行测试研究，为规范的设计取值提供更多的用水数据支持，也便于建筑给水排水设计人员合理选取用水参数，避免出现高峰用水时供水量不足的现象。

7.2.2　热水系统设计

教育建筑热水系统往往采用分散热水和集中热水相结合的方式。教学楼、图书馆、办公楼等建筑的卫生间一般由分散设置的电热水器供应。集中热水供应主要设置在公共浴室、食堂、学生公寓的公共盥洗室（个别学生公寓每间房还设有独立卫生间）及游泳馆等区域。集中热水供应系统热源选择、供水方式、系统设计均需要根据建筑物的实际情况确定，以实现造价节约、运维经济、管理便捷、节能节水的设计目标。在全国学校建筑设计"绿色、节能"的主旋律下，设计出经济合理的热水系统是教育类建筑给水排水节能设计的重中之重。

教育建筑往往存在需要设计生活热水供应建筑群使用的情况，其热水系统设计选择与单栋建筑也存在着不同的特点。建筑群共用一套热水集中系统或者每个建筑分别设置集中热水系统对于系统的管理和运维能耗有着直接的影响。浙江大学紫金港校区的节约型校园建设监测平台数据显示，统一制备热水、校区内大循环的方式，管网散热量占供热量的43.3%；单体内独立制备热水、幢内循环的方式，管网散热量占供热量的17.4%。王念恩对浙江温州某寄宿制学校生活热水系统进行了分户电加热热水系统、空气源热泵热水系统、燃气热水系统、太阳能＋电辅助加热系统、空气源＋太阳能热水系统五种方案的投资、年折标煤量和热水价格的比较分析。空气源热水系统和燃气热水系统在该项目中使用有较大的综合优势，但考虑到外网热损失因素，最终得出该项目最经济的热水方案为分幢设置空气源热泵热水系统，幢内热水循环。

建筑群采用区域生活热水集中供应大循环的方式时，管网散热损耗的数据在论文和研究中仅略有报道，并未有系统性的研究。教育建筑群物业管理统一，与院校科研机构联系紧密，随着监测技术和物联网技术的发展，建议在更多的教育建筑群内对热水系统的实际能耗、管网散热进行监测和分析，为已建项目的节能改造和新项目的生活热水系统合理设计提供更多的数据支持和依据。

7.2.3　室外消防系统的选择

教育建筑的室外消防一般采用低压消防给水系统或临时高压消防给水系统。当前设计中常见的建筑物室外消防给水供水方式有以下几种类型：建筑附近的市政消火栓；建筑红线内通过引入管连接市政供水的室外消火栓；消防储水池及取水口；设置消防储水池及消防水泵加压供水的室外消火栓。

市政给水管网持续为城市提供正常生活生产用水，由城市自来水部门管理，具备专业、全面、及时的保障措施。市政管网上配置的市政消火栓作为消防灭火人员最为熟悉的消防供水设施，是一种可靠性极高的室外消防给水方式。部分学校建筑（如幼儿园）总体建筑面积小，室外消防水量为25L/s或30L/s，如市政给水条件完备，可直接借用周边市政道路市政消火栓作为本项目的室外消防供水。

当市政供水满足建筑物的室外消火栓设计流量和压力要求时，可设置两路引入管并沿建筑周边布置室外消火栓及给水管道。如市政条件流量和压力满足，此方式可适用于各种规模的建筑及建筑群。《消防给水及消火栓系统技术规范》GB 50974—2014 规定室外消火栓平时压力不应小于 0.14MPa、火灾灭火时不应小于 0.10MPa，设计时需要准确的市政接口供水压力数据作为计算依据，如不重视室外消火栓系统的水力计算，会存在室外管网管径偏小，实际管网压力无法满足规范要求的情况。

设置消防水池储存室外消防用水量并设置供消防车使用的取水口，此方式仅设置消防水池和取水口，无须设置室外消火栓，对设备的运行维护要求不高，系统简单。适用于市政水压或水量无法同时满足室外消防要求，用地面积小，建筑物可以在消防取水口150m保护半径的项目，如幼儿园及部分中小学校建筑。如为进一步保证供水安全，便于消防队员使用，可另外由市政供水管网引入一路水源利用市政给水管网直接供水，在地块内沿建筑物四周布成环状的供水管网并在环网上设置室外消火栓，室外消火栓保护半径150m，室外消火栓布置间距不大于120m。

当市政条件无法满足室外消防用水，且仅设置消防水池和取水口无法满足室外消防用水要求时，设置消防储水池及消防水泵加压供水的室外消火栓是目前最常见的一种室外消防给水解决方案。此方式也称为临时高压室外消防给水系统，可适用于各种类型和规模的建筑，如幼儿园、中小学和大学。临时高压消防系统可以采用单独设置，也可以采用和室内消防系统合并设置的方式。单多层建筑或建筑群比较适合采用临时高压制室内外消火栓合用系统。高层建筑或高层建筑群，室内外消火栓系统压力差距较大，从整体的安全性、合理性及经济性方面考虑一般室内外消防分设加压和管网系统。室内外系统合用时可以减少水泵数量、节约泵房面积，减少管材用量，利于室外管网工程设计和施工，但同时需要关注单体引入管、水泵接合器和稳压管道设计时与分设室内外消火栓系统的区别。

7.2.4 特殊系统的给水排水设计

教育建筑除了教学楼、办公楼和宿舍外，还包含有实验室、实验楼、游泳馆、图书馆、礼堂、体育场和体育馆等建筑。这些建筑的给水排水系统均有不同的特点，在进行此类建筑设计时，设计人员需要对特殊建筑物的功能、使用特点、遵循规范进行充分了解，调查类似项目的设计和实际使用情况，总结经验并规避已有错误，才能更好保证项目建成后给水排水系统的正常使用。

高等院校实验楼承担高校科研发展与教学的重要功能，其给水排水工程存在着以下特点：

1）用水量大、供水种类多。实验楼工作环境中，实验配液、清洗均离不开水，实验楼中涉及实验室、生活区、卫生间常规用水、纯化水等特殊用水。实验楼用水伴随着实验室分布呈现用水量大、用水点分散的特点。

2）污废水种类较多。实验试剂较多，有机、无机类的物化实验种类繁多，废液中含有有机、无机、高分子、氧化性废液，成分复杂，种类繁多，具有一定的危险性。实验室中含有重金属离子、有毒有害物质的废水一般需将其收集委托专门机构处理。其余废水经管网统一收集，由废水处理设备处理达标后排放。

3）实验楼布局调整可能性大。实验楼的使用单位存在不确定性，按照学校发展思路和规划的调整，使用单位可能有所调整，即使不调整，各个专家教授在入驻相应实验模块时，也会根据自身科研发展的需求进行局部调整，给水排水专业相应的配管配线也需随之调整。在实验楼设计时，充分了解院校特点，满足给水排水功能需求，考虑将来改造的便利性，是给水排水设计合理的关键性因素之一。

体育场给水排水系统设计的好坏对于场地和设施的使用有着直接影响。根据规模和使用性质的差异，不同体育场给水和排水设计有着不同的要求。规模较大、设施比较完善的比赛真草场地和跑道宜设置自动浇洒系统；规模较小、设施简单的训练场地和跑道宜采用人工浇洒。足球场草坪洒水，应在跑道内圈设置埋地式喷射角可调型自动升降式喷头，四个角落采用 90° 旋转喷头，场地边缘或跑道内沿采用 180° 旋转喷头，场地内采用 360° 旋转喷头，不同用途的洒水喷头宜分别接至各自的给水管道上，并配套相应的电控、水泵和水池等设施。排水设计的好坏，会直接影响到运动场的使用，若排水不好，足球场会发生"漂球"现象。在体育场地排水系统设计时，需首先进行排水流域划分，沿跑道内侧和全场外侧分别设置一道环形排水明沟，尽快排除地表径流。同时在足球场草坪下设置有渗水层和盲管，采用排渗结合的方式快速排除场地积水。

7.3 教育建筑常用给水排水系统

7.3.1 给水系统

教育建筑常见的给水系统有生活给水系统、泳池循环水系统、循环冷却水系统（采用水冷中央空调机组的建筑）、实验室给水系统、实验室纯水系统、景观循环水系统、绿化浇洒及道路冲洗给水系统。一般而言规模较大的教育建筑，其建筑物的功能种类更多，相应的给水系统种类也相对更多。

7.3.2 热水系统

教育建筑生活热水系统包含局部热水系统、集中热水系统。集中热水系统应用于耗热量大、用水点分布较密集或较连续的场所，如游泳馆、体育馆、浴室等场所。用水范围小、用水点数量少且分散的场所可采用局部热水供应系统，如部分有热水需求的实验室，房间数量较少的教师宿舍等。部分学校根据其管理情况可以采用定时循环热水供应系统，平时不保证管网平时温度，在系统集中使用前，利用循环水泵和回水管道将配水管网中已经冷却的水强制循环加热，将配水管网热水的温度提升到需要的温度，在指定时段内供应集中生活热水。

7.3.3　排水系统

教育建筑的排水系统包含有卫生间排水系统、厨房排水系统和实验室排水系统。如下方空间无特殊要求，卫生间排水一般均采用异层排水的方式。厨房排水需经过隔油池处理后排放，如厨房设置在地下室，会在地下室设置成品隔油提升装置，将厨房含油废水经隔油处理后提升排至室外污水管网。实验室高浓度废水收集外运处理，其余废水需统一汇集处理后排放，普通中小学实验室废水由酸碱中和池处理，高等院校实验楼的废水处理设备需根据实验楼废水所含成分和排水量确定，污水处理最终工艺需征得环保部门同意后方可采用。

7.3.4　消防系统

教育建筑消防系统的配置也随建筑规模和类型不同而有所差异。一般的多层教学楼如未配置中央空调系统，仅需设置消火栓和灭火器。其他规模较大且设置中央空调或集中风管的建筑，如实验楼、行政办公楼等，在消火栓和灭火器的基础上还需配置自动喷水灭火系统。宿舍楼根据建筑高度分为多层、二类高层宿舍和一类高层宿舍，其中高层宿舍需配置喷淋，二类高层宿舍仅需在公共区域设置喷淋，户内可不设置喷淋。建筑物内如含有高大空间场所，自动喷淋系统无法适用时，需配置自动跟踪定位射流灭火系统。

7.4　工程实施过程中常见问题及处理

7.4.1　幼儿园防烫伤措施

幼儿园是以幼儿为主体的建筑，沐浴者自行调节控制冷热水混合水温的能力差，为保证沐浴者不被热水烫伤，热水供应系统应采取防烫伤措施。幼儿园的淋浴热水可由分散设置的电热水器供应，也可采用集中热水系统供应。部分项目中出现设计人员未关注幼儿园的特殊性，热水系统设计、末端混水阀门的选择仍参照常规项目，造成使用时的安全隐患。

《托儿所、幼儿园建筑设计规范》JGJ 39—2016（2019 年版）规定，当设置集中热水供应系统时，应采用混合水箱单管供应定温热水系统。通过定温水箱的设置避免了末端用水点温度过高而造成烫伤事故的风险。罗志华对开式混合水箱单管供应定温热水系统的注意事项做了研究和分析，此系统工程造价适中，同时又满足幼儿使用的水温、水质需要，可以稳定供应恒温热水。该系统也易于调整，与其他系统结合使用，方便灵活。近年来，在系统或用水终端设恒温混合阀，保证恒定出水温度是解决防烫伤问题的一项较好措施。可以根据幼儿园建筑和部门的专项要求调节用水温度。恒温混合阀设在用水末端的热水供水支管上，控制出水温度为 35～40℃，供给单个用水点或成组器具直接用水，如图 7-1 所示。

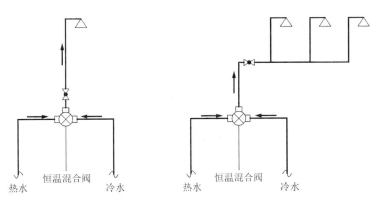

图 7-1　恒温控制阀热水供水原理图

7.4.2　宿舍楼消防设计

教育类建筑以多层建筑为主，但也存在部分高层建筑，如宿舍楼、办公楼等。实际项目中往往会出现由于设计人员的疏忽，将建筑高度介于 24～50m 的学校宿舍定性为二类高层公共建筑，室内消火栓设计流量按照 20L/s，屋顶高位消防水箱有效容积仅设置为 18m³。《建筑设计防火规范》GB 50016—2014（2018 年版）第 2.1.3 条条文说明："重要公共建筑包括较大规模的中小学校教学楼、宿舍楼"；第 5.1.1 条规定："建筑高度 24m～50m 的学校宿舍楼属于一类高层公共建筑"。根据《消防给水及消火栓系统技术规范》GB 50974—2014 的相关规定，建筑高度不大于 50m 的一类高层公共建筑的室内消火栓设计流量为 30L/s，屋顶高位消防水箱有效容积不小于 36m³。建筑类别变化会对消防水池和屋顶高位消防水箱容积、消防设备参数确定有着直接联系，相应也会影响建筑、结构等专业的设计条件。设计人员在设计过程中，需与建筑专业紧密配合，确保建筑类别判断的准确，保证消防用水量的准确取值和建筑的消防安全。

7.4.3　化学实验室给水排水设计

化学试验中常见的试剂有酸和碱，有较强的腐蚀性。为了避免化学实验室由于水嘴出水压力较高，造成实验室用水时发生溅水现象。实验室的水嘴需要一个较为稳定的压力，利于学生的使用安全。根据《中小学校设计规范》GB 50099—2011 第 10.2.5 条规定，当化学实验室给水水嘴的工作压力大于 0.02MPa，急救冲洗水嘴的工作压力大于 0.01MPa 时，应采取减压措施。减压可采取设置稳压水箱、节流塞、减压阀等措施。壁挂式稳压水箱给水系统如图 7-2 所示。

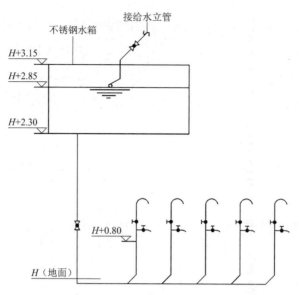

图 7-2　化学实验室壁挂式稳压水箱给水原理图

实验室需考虑降板敷设排水管道，避免排水影响下层房间使用，同时也可适应校方介入过晚，实验室布置及给水排水需求调整的情况。学校项目设计中化学、生物、物理实验室给水排水点位如有条件应尽早与使用方沟通确认，一次到位，避免后期二次改造。

7.4.4　专业配合纰漏

教学建筑设计涉及的专业多，各个专业设计进度不同，同时校方的需求在项目建设中往往难以一次确定，不断会有调整。这些因素都导致教育建筑设计中各专业配合复杂，经常会由于专业配合纰漏而产生各种问题。

某学校地下室设置有餐厅和功能房间，地下室均设置有喷淋系统，采用直立型喷头。后续根据装饰要求这些区域设置了格栅吊顶。设计人员按照有吊顶方式设置喷头，将上喷调整为下喷，但照此方式实际安装后无法满足消防使用要求。《自动喷水灭火系统设计规范》GB 50084—2017 中规定，装设网格、栅板类通透性吊顶的场所，当通透面积占吊顶总面积的比例大于 70%，通透性吊顶开口部位的净宽度不应小于 10mm，且开口部位的厚度不大于开口的最小宽度时，喷头应设置在吊顶上方。格栅吊顶属于吊顶的一种，格栅吊顶采用何种喷头，应根据吊顶形式结合消防规范要求进行确定。

随着使用方的介入，教室内的设备布局在建设过程中也都存在调整的可能性。图 7-3 为某学校办公室施工过程中空调冷凝水的管线安装照片。空调的内机与冷凝水立管分别设置在窗户的两侧，冷凝水支管需重力排水至冷凝水立管，造成了支管遮挡窗口视线的问题。产生这一问题的原因是室内设备调整，空调内机安装位置从原来靠近冷凝水立管的墙体调整至对面墙体，而冷凝水支管设计仅考虑功能，未核对其对室内感官的影响。最终只能通过增设冷凝水立管就近接出的方式避免对窗口视线的影响。

图 7-3　专业配合纰漏（冷凝水支管挡窗）

教学楼内有大量的走廊、绿化屋面、花池、庭院，这些区域的雨水排水设计涉及建筑、内装、给水排水和景观多个专业，经常出现专业人员配合纰漏，导致雨水排水事故的情况。以花池排水设计为例，给水排水设计人员往往仅在花池处预留排水措施，但并不关注排水点节点的设置。花池可以全部回填土壤进行种植或者采用盆栽放置达到景观效果两种方式。如果花池采用全部回填土壤种植的方式，预留排水点节点的设置对于植物能否存活和花池排水的顺畅有直接的影响。某项目为给水排水设计人员在初始设计时在花池处预留一个地漏作为排水措施，现场施工时直接将地漏设置在花池底部，土壤回填后地漏堵塞无法使用，花池无法排水。究其原因，给水排水设计人员未充分了解景观图纸设计，对重要区域的构造了解不足，未能提供合理的排水解决方案。针对这些覆土区域，需针对性地补充节点设计（图 7-4），花池采用顶部设置地漏、中间设置开孔盲管与地漏连接、汇入排水主管的方式排除顶部雨水和土壤内的渗水。绿化屋顶区域雨水排水也需考虑排水点处的节点设计（图 7-5），雨水斗设置在小型雨水口内，保证屋面排水顺畅；同时，通过易于开启的盖板清理雨水斗杂物，覆土内设置开孔盲管，连接至雨水口内，排除土壤渗水。

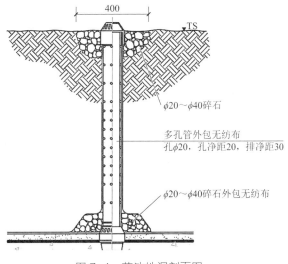

图 7-4　花池地漏剖面图

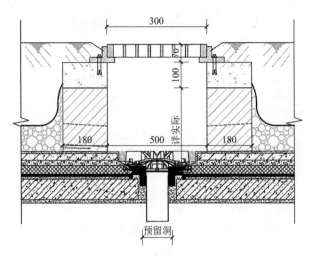

图 7-5　屋面雨水斗剖面图

7.5　典型教育建筑给水排水设计案例

7.5.1　项目概况

项目位于深圳市，建设总用地面积 54745m²，建筑总面积 116813m²。由 1 栋六层初中部教学楼、1 栋六层高中部教学楼、1 栋五层行政楼（资源中心）、2 栋十三层生活综合楼（一、二层为食堂，上方为宿舍楼）、1 栋两层架空风雨操场（一层为运动中心和 1 层地下室）组成。生活综合楼建筑高度 59.50m，属于一类高层公共建筑，其余建筑高度均不超过 24m，属于多层公共建筑。

7.5.2　给水排水系统

1. 给水系统

1）用水量

本工程生活用水包含教学楼、宿舍、餐厅、运动场、泳池、绿化浇洒、地库冲洗用水及其他未预见水量。最高日生活用水量为 1031.4m³/d，最高日最高时用水量 111.6m³/h。

2）水源

水源为市政自来水，从西侧市政路引入一根 DN200 的进水管，分别设置生活和消防水表。地块内生活给水管网和消防管网独立设置。

3）系统竖向分区

本工程给水系统竖向分三个区，其中 B1F～1F 由市政管网直接供水；2F～16F 采用加压供水，2F～8F 为加压供水 I 区，9F～16F 为加压供水 II 区。2F～16F 加压 I、II 区由设置在地下室的变频供水设备供水。在每个供水分区压力超过 0.20MPa 的楼层设置支管减压阀。

2. 热水系统

本工程生活综合楼宿舍、运动场淋浴室设置集中热水系统。宿舍生活热水采用太阳能预热，燃气热水炉辅助加热方式，系统为闭式系统。太阳能集热器设置于宿舍楼屋顶，在二层设备平台和屋顶层分别设置室外燃气热水炉和热水循环泵。太阳能集热管网及热水供水管网均同程设置，热水循环泵通过温差控制启停。运动场淋浴热水由空气源热泵供应，采用开式热水系统。空气源热泵将保温水箱内热水加热至指定温度后，由加压泵供应至用水点。空气源热泵、热水保温水箱和循环泵均设置于运动场边的绿地内，热水循环泵通过温差控制启停。

3. 排水系统

1）排水系统形式

室内外采用雨、污分流。室内生活排水污废合流。化学实验室废水统一收集，经酸碱中和池处理后排至市政污水管网。地面以上生活污水重力排至室外，地下室卫生间污水设备由密闭污水提升设备加压排至室外污水管网。厨房含油废水经隔油一体化处理设备处理后排至室外污水管网。区域生活污水经化粪池处理后排至市政污水管网。

地下室的生活水泵房、消防水泵房、泳池机房、车库均设置有集水坑。为保证电梯的正常运行，在电梯井基坑旁设置有效容积不小于 $2m^3$ 的集水井，井内设置两台排水量 10L/s 的潜污泵。所有集水井配置两台潜污泵和水位感应装置，潜污泵的控制均采用高水位时开一台泵，报警水位时启动双泵，低水位自动停泵的方式。

雨水排水系统采用重力流排水系统，屋面雨水排水系统设计重现期取 20 年，与溢流设施的总排水能力大于 50 年重现期的雨水量。教室外走廊、下沉庭院、敞开楼梯间和汽车坡道降雨重现期按照 100 年设计。室外场地降雨设计重现期为 10 年。

2）通气管的设置方式

本工程卫生间设置专用通气立管，每层与污水主管连接。公共卫生间排水横管设置环形通气管。地下室密闭污水提升装置设置通气管接入地上卫生间专用通气立管。地下室隔油提升设备单独设置专用通气管。

7.5.3　消防系统

1. 消火栓系统

1）消防系统用水量

本工程消防按用水量最大建筑考虑。消防用水量最大建筑为运动中心，室外消火栓用水量为 40L/s，室内消火栓用水量为 15L/s，自动喷淋用水量为 45L/s，防火分隔水幕用水量为 125L/s。

项目同时火灾次数为一次。消防用水总量包括：2h室内消火栓用水量108m³，2h室外消火栓用水量288m³，1h自动喷淋用水量162m³，3h防火分隔水幕用水量1350m³。地下室消防水池内实际贮存消火栓系统用水量1908m³。

2）系统竖向分区

室外消火栓系统由地下室消防水池、消火栓泵及稳压泵联合加压供室外消火栓管网用水，室外消防管网沿建筑物形成环状，沿消防车道及扑救场地设置多个DN100室外消火栓。

室内消火栓系统采用临时高压制，竖向为2个分区，其中1个分区为配建充电桩设施的汽车库，剩余所有区域为另外1个分区。配建有充电桩设施的车库区域，根据《电动汽车充电基础设施建设技术规程》DBJ/T 15-150—2018要求，消火栓系统应单独分区，并设置供消防泡沫车连接的水泵接合器。室内消火栓用水由地下一层顶部夹层的消防水池和地下一层消防泵房内的室内消火栓泵直接供给。

2. 自动喷水灭火系统

1）自动喷淋灭火系统用水量

本工程除教学楼、其他建筑不宜用水扑救的电气房间外，均设置自动喷水灭火系统。地下车库、地下室餐厅按中危险级Ⅱ级，设计喷水强度为8L/(min·m²)，作用面积为160m²，持续喷水时间为1h；配建充电设施的车库，采用泡沫喷淋，设计喷水强度为6.5L/(min·m²)，作用面积为465m²，持续喷水时间为1.5h；生活综合楼、资源中心办公楼按照中危险Ⅰ级，设计喷水强度为6L/(min·m²)，作用面积为160m²，持续喷水时间为1h；资源中心和运动中心净高8~12m区域，设计喷水强度为15L/(min·m²)，作用面积为160m²，持续喷水时间为1h。

2）系统竖向分区

本工程自动喷水灭火系统采用临时高压制，竖向分为2个分区。B1F~11F为低区，12F~16F为高区。低区喷淋管道主管入口设置减压阀组。竖向分区静水压不超过1.2MPa，中危险级配水管道静水压力不超过0.40MPa。喷淋用水由地下一夹层消防水池和地下一层消防泵房内的自动喷淋泵供给。

3）喷头选型

厨房操作台采用93℃喷头，其他区域采用68℃喷头。宿舍卧室区域采用K115边墙型喷头。净空高度大于8m的空间闭式喷头流量系数为115。水幕系统采用开式洒水喷头，喷头流量系数为90。其余区域采用普通闭式洒水喷头，喷头流量系数为80。有吊顶区域采用下垂型喷头，无吊顶区域采用直立型喷头。

4）报警阀设置

每个湿式报警阀服务的喷头数量不超过800个，自动喷水灭火系统按每层每个防火分区设信号阀和水流指示器。报警阀分区域集中设置在地下室、生活综合楼屋顶。地下室设置14套湿式报警阀，1套雨淋阀，生活综合楼屋顶设置2套湿式报警阀。

3. 防火分隔水幕系统

本工程运动中心篮球场与排球场之间防火分区处设置防火分隔水幕，保证发生火灾时间的防火隔断。系统安装高度 10.7m，设计喷水强度为 2L/(s·m)，作用宽度为 56.4m，系统设计流量为 125L/s，火灾延续时间 3h。

4. 自动跟踪定位射流灭火装置

资源中心中庭净空高度大于 18m，设置自动跟踪定位射流灭火装置。系统同时开启射流装置数量为 2 个，火灾延续时间 1h。自动射流灭火装置由红外智能探测组件自动控制，发生火灾时，可自动或消防控制室手动强制控制水炮启动。系统与湿式自动喷水系统共用加压水泵、屋顶消防水箱和稳压设备，并在室外设置地上式水泵接合器。

5. 气体灭火系统

地下室变配电房、开关站、网络机房、电视机房和运营商机房设置预制 HFC-227 气体灭火系统。变配电房、开关站防护区灭火设计浓度为 9%，设计喷放时间不大于 10s，灭火浸渍时间 10min。网络机房、电视机房和运营商机房防护区灭火设计浓度为 8%，设计喷放时间不大于 8s，灭火浸渍时间 5min。

7.5.4　主要系统简图

主要系统示意见图 7-6～图 7-9。

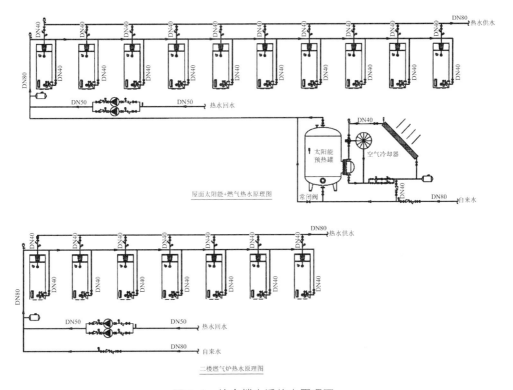

图 7-6　综合楼生活热水原理图

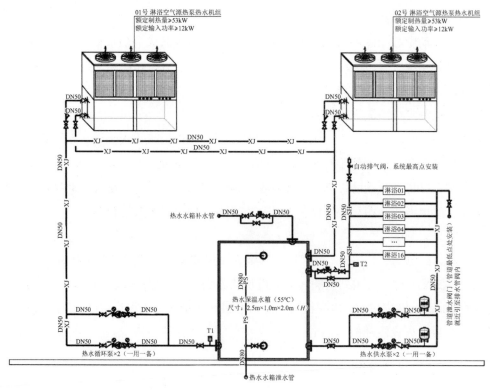

图 7-7　泳池淋浴热水原理图

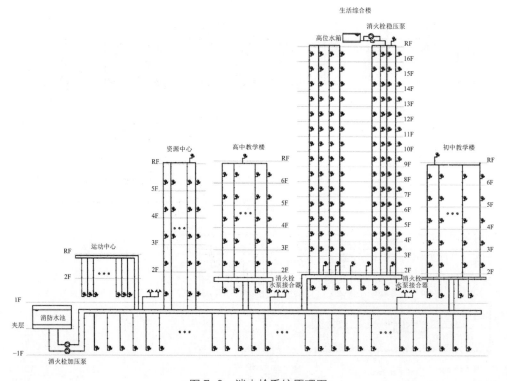

图 7-8　消火栓系统原理图

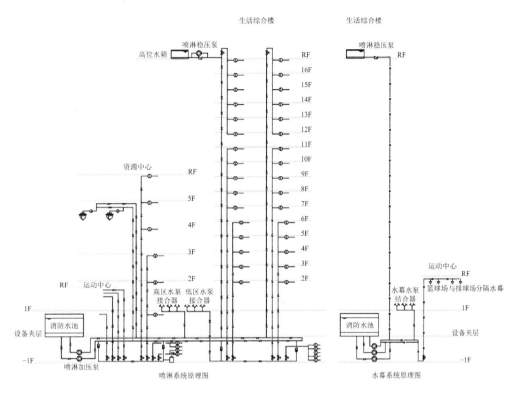

图 7-9　自动喷淋、水幕和自动射流灭火系统原理图

7.5.5　工程特点介绍

1. 物联网消防系统

本工程采用了物联网消防系统，可以进一步提升消防安全管理水平，预防和减少火灾危害，保护人身和财产安全。物联网消防给水系统从硬件和软件两个方面出发，在水力机械、控制系统、产品质量、生产测试、系统设计、系统调试、日常维护、消防监督和技术服务等多环节、多角度提出的系统整体解决方案，彻底解决常规建设模式的固有分散采购兼容性差、故障点多、责任归属不清晰、监控时效滞后、维保水平不高等严重影响消防给水系统安全可靠性的各类突出问题，全面切实提高了消防给水系统的安全可靠性和灭火效能。

2. 消防水池错层设置

本工程消防水池设置在地下一层上方的夹层，消防泵房设置在下方。此设置方式可以满足水泵自灌式吸水，同时降低水池无效水位，减小了水池和泵房的面积，提高了地库利用空间。

3. 防火分隔水幕应用

运动中心一层分为高中部风雨操场、体育馆、游泳馆及初中部风雨操场和报告厅。高中部风雨操场包含 6 个室内篮球场、2 个排球场和 1 个乒乓球场，总面积超过 6000m²，为满足建筑防火的要求，需划分为两个防火分区。传统项目一般采用防火墙加防火卷帘的方式来实现防火分区的隔断，本项目借鉴大空间建筑如深圳国际会展中心、天津某飞机制造厂物流中心防火隔断的方式，采用在篮球场和排球场之间设置防火分隔水幕的方式进行防火隔断，在满足建筑功能的同时，保证场地视觉的通透性，也便于建筑功能的灵活调整。

4. 生活热水系统

本工程生活综合楼和泳池距离较远，根据实际情况分设了两套集中热水系统，避免远距离运输热量的损耗。生活综合楼一层为厨房，有燃气可以作为生活热水热源，综合楼上方宿舍热水采用太阳能预热、燃气热水炉辅助加热的方式制备。泳池淋浴在室外绿化区域设置了空气源热泵、贮热水箱和热水加压泵组，保证热水供应的同时也有效节约了资源。

5. BIM 技术应用

本项目体量大，空间结构复杂，仅采用传统的 CAD 制图设计方法，势必容易出现管道交叉，与结构冲突影响建筑使用净高等问题。在项目施工图阶段，引入 BIM 建立模型，通过综合各专业的管线排布，能直观发现设备及管线安装的各种问题，高效率地指导项目的设计并及时更改修正。在施工安装阶段，避免现场返工、浪费材料及工时等问题。BIM 技术的应用，提升了项目生产效率、提高了建筑质量、有效地保证了项目的工期和成本的控制。

7.5.6 效果图

项目效果见图 7-10～图 7-12。

图 7-10 学校整体鸟瞰图

图 7-11 学校沿街立面图

图 7-12　体育馆内景图

7.6　本章小结

本章为教育建筑给水排水设计介绍部分。主要围绕教育建筑给水排水设计的重难点问题、常规给水排水系统、工程实施过程中的常见问题及处理方式展开。根据教育对象的不同对教育建筑进行了分类；对教育建筑给水排水设计的重难点问题如宿舍给水系统、热水系统选择、室外消防系统选择和特殊系统给水排水设计进行了阐述；列举了教育建筑常用给水排水系统；对工程实施过程常见问题如幼儿园防烫伤措施、宿舍楼消防设计取值、化学实验室给水排水设计及专业配合纰漏的原因进行了分析，并给出了解决建议。最后，本章介绍了深圳市某中学的给水排水设计案例，可为同类项目的设计提供参考和借鉴。

第 8 章
场站建筑给水排水设计

随着城市交通运输的快速发展，场站建筑作为交通枢纽的重要组成部分，承担着越来越多关键的交通功能和使命。给水排水系统是场站建筑中不可或缺的一部分，合理的给水排水设计对于场站建筑的正常运行和服务水平保障至关重要。

8.1 场站建筑分类

场站按使用类型，主要有：供汽车使用的汽车站、供轨道交通工具使用的轨道交通站、供飞机使用的机场、供船舶使用的港口及综合性的交通枢纽等。

8.1.1 汽车站

汽车站是指组织公路客、货运输业务的基层单位。有汽车运输企业组建和地方交通部门组建两种。前者主要为本企业车辆提供商务作业服务，兼办非本企业车辆商务作业代理；后者是面向社会各界车辆全方位提供商务作业服务。按办理业务不同分为客运、货运站和客货兼营站，是所在地的旅客、货物聚散点。城市公共汽车在行车路线上设置的公交场站，通常依附于民用建筑（居住、商业、办公、展览等）配套建设，多为首末站。其用途以车辆停放、二级保养和中修为核心功能，兼具一级保养、小修、车辆清洗和运营管理等辅助功能。其给水排水设计需要考虑大量乘客和车辆的使用需求，以及车辆清洗和维护等方面的需求。

8.1.2 轨道交通站

轨道交通站可以根据其位置、功能和设计等多种因素进行分类。以下是一些常见的分类方式：

1.根据位置

地面站：站点位于地面上，如轻轨站或有轨电车站等。

高架站：站点位于地面之上，通常设在桥梁或高架结构上。

地下站：站点位于地下，如地铁站或其他地下轨道交通站。

2. 根据服务范围

市区站：站点位于城市中心或市区内，通常服务繁忙的市区交通。

郊区站：站点位于城市的边缘或者郊区，通常连接城市和郊区。

远郊站：站点通常位于远离城市的地方，可服务于远离城市中心的居民或者连接不同的城市。

3. 根据功能

普通站：是大多数轨道交通系统的基本站点，乘客在这些站点上下车。

换乘站：这些站点设有多条轨道线路，乘客可以在这些站点换乘其他线路。

终点站：轨道线路的起点或终点，通常设有更多的设施和服务。

4. 根据使用类型

根据使用类型可以分为：地铁车站、火车站（含高铁车站）及轻轨车站等。

轨道交通站是供旅客乘降、换乘和候车的场所，高铁车站通常还设有配套商业和餐饮。其给水排水设计需要满足高峰期大量乘客的用水需求，并考虑列车清洗、站内设施排水等需求。

8.1.3　机场

机场，也称为飞机场、空港，较正式的名称是航空站，是供航空器起飞、降落于地面活动而划定的一块地域或水域，包括域内的各种建筑物与设备装置。机场有不同的大小，除了跑道之外，机场通常还设有塔台、停机坪、航空客运站、维修厂等设施，并提供机场管制服务、空中交通管制等其他服务。机场作为商用运输的基地可划分为飞行区、地面运输区和候机楼区三个部分。民用机场通常还设有配套商业与餐饮。其给水排水设计需要考虑航空器补水、旅客用水和排水等复杂需求，并保证系统的可靠性和安全性。

机场的分类可以基于多种不同的标准，以下是一些常见的分类方式：

1. 根据航空公司的服务

国际机场：有权处理从其他国家来的飞机和旅客，一般设有海关和边境控制设施。

国内机场：主要处理国内航班，无须海关和边境控制设施。

2. 根据规模和交通量

大型机场：可以容纳和处理大量的飞机和旅客，通常是大型城市的主要机场。

中型机场：可以处理中等数量的飞机和旅客，通常位于中等规模的城市或大城市的周边地区。

小型机场：通常处理少量的飞机和旅客，可能位于偏远或农村地区。

3. 根据用途

商用机场：提供商业航班服务，比如旅客和货运服务。

军用机场：为军事用途，一般不对公众开放。

混合用途机场：同时为军事和商业航班提供服务。

通用机场：主要用于一般航空，即非定期的飞行活动，比如飞行训练，农业喷洒，医疗急救，私人飞行等。

4. 根据所有权

公共机场：通常由政府机构拥有和运营，为公众提供服务。

私人机场：由个人或公司所有和运营，可能不向公众开放。

8.1.4 港口

港口是位于海、江、河、湖、水库沿岸，具有水陆联运设备以及条件供船舶安全进出和停泊的运输枢纽，是水陆交通的集结点和枢纽，工农业产品和外贸进出口物资的集散地，船舶停泊、装卸货物、上下旅客、补充给养的场所。供上、下旅客的港口一般会设有配套商业与餐饮。其给水排水设计需要考虑船舶补水、船舶排污和岸上设施的用水排水等方面。

港口的分类可以基于多种不同的标准，以下是一些常见的分类方式：

1. 根据货物类型

货物港口：主要用于处理货物，包括集装箱、散货、液体货物等。

客运港口：主要用于服务乘客，如渡轮和邮轮。

2. 根据服务类型

内河港口：位于内陆河流上，主要用于河运服务。

深水港口：位于深水区域，可以容纳大型船只。

渔港：主要用于渔船和渔业活动。

军用港口：主要用于军事活动和设施。

3. 根据地理位置

海港：位于海洋或沿海地区，提供海上运输服务。

河港：位于河流或湖泊的沿岸，提供内河运输服务。

4. 根据所有权

公共港口：由公共机构或政府拥有和管理，为公众提供服务。

私人港口：由私人企业或个人拥有和运营。

5. 根据规模和交通量

大型港口：可以容纳和处理大量的船只和货物。

中型港口：可以处理中等数量的船只和货物。

小型港口：处理的船只和货物较少。

8.1.5　交通枢纽

交通枢纽是路网上各大通道或线路的交叉点，是运输过程及实现运输过程的综合体，是交通运输网的重要组成部分，是路网内物流、人流、车流的集散中心，通常为前几种功能的汇合体。其给水排水设计需要考虑多种交通方式的需求，并确保系统的协调和高效运行。

以下是几种主要的交通枢纽类型：

1. 航空枢纽

航空枢纽是乘客和货物可以从一种航空公司或飞机方便地转移到另一种航空公司或飞机的地方。大型的国际机场如洛杉矶国际机场、迪拜国际机场、北京首都国际机场等通常充当航空枢纽的角色。

2. 铁路枢纽

铁路枢纽是多条铁路线路交会的地点，乘客和货物可以从一条线路方便地转移到另一条线路。例如芝加哥就是北美的重要铁路枢纽。

3. 公交枢纽

公交枢纽通常指的是多条公交线路交会的地方，乘客可以在这里方便地从一条公交线路转移到另一条公交线路。

4. 海港枢纽

海港枢纽是一种用于货物和人员运输的设施，它们位于沿海地区，使得各种不同的船舶可以停靠和卸货。例如上海港、新加坡港等。

5. 城市交通枢纽

这是一个集公共汽车站、轻轨站、地铁站、出租车站和其他交通设施于一体的交通枢纽。这些枢纽可以使乘客方便地在各种交通模式之间转换。

6. 物流枢纽

物流枢纽，如仓储设施、配送中心，或者货运站，是供应链中的关键节点，通常包含多种交通模式，如公路、铁路和空运。

8.2　场站建筑给水排水设计重难点问题

8.2.1　汽车站、轨道交通站给排水重难点问题

1. 用水需求管理

针对高峰期大量乘客和车辆的用水需求，可以通过合理的用水管理来平衡供需关系。例如，可以控制用水定额或限制某些用水活动的时间和频率，制定用水计划，合理安排列

车清洗和站内设施清洗等活动的时间，以避免用水时间过度集中、过度使用水资源。

2. 增加供水容量

汽车站需要考虑高峰期的用水峰值。为了应对高峰时段的需求，可以增加供水容量。这可以通过增加供水设备（如水泵）的数量或容量来实现，以确保供水能够满足需求。

同时，还可以考虑增设水箱或增加供水管道的直径，提高供水的稳定性和流量。

3. 管道设计和布局

在汽车站、轨道交通站的给水排水系统设计中，管道的设计和布局至关重要。需要合理规划管道的直径、长度和连接方式，以确保水流畅通无阻。此外，为了方便检修和维护，应考虑设置检修井和阀门等设备。

4. 水质处理

为了提供符合卫生标准的用水，可以采用适当的水质处理方法。例如，可以使用过滤器、杀菌剂或消毒装置来去除悬浮物、细菌和其他污染物，确保供水的质量安全。

5. 雨水排水和回收利用

在汽车站、轨道交通站的排水设计中，需要考虑雨水的排放。合理规划雨水排放系统，包括设置雨水收集设施和雨水排水管道，以减少站点内的积水，并确保排水系统的畅通。有条件的情况下应收集和储存雨水，经初期弃流、沉淀、过滤、消毒等处理后，用于车辆清洗、绿化灌溉或冲洗厕所等方面，以减少对自来水的依赖，节约水资源。

6. 站台排水设计

站台是乘客上、下车和等待列车的重要区域。为了确保站台的干燥和安全，需要设计合理的站台排水系统，包括设置排水槽、排水沟和排水管道，以及考虑站台地面的坡度和防滑措施。为了处理场站产生的污水，可以建立适当的污水处理系统。这包括收集、处理和排放污水的设施和流程，以确保污水的合规处理，减少对环境的负面影响。

7. 设备排水设计

汽车站、轨道交通站内存在许多设备，如通风设备、电力设备等，需要考虑这些设备的排水需求。合理设计设备排水系统，包括设置排水管道和排水井等设施，确保设备的正常运行和安全。

8. 防洪措施

对于地理位置容易发生洪水的汽车站、轨道交通站，需要采取相应的防洪措施。例如，可以设置抗洪设施，如沟渠、防水墙和泵站等，以减少洪水对场站的影响，并保护给水排水系统的安全运行。

8.2.2 机场给水排水重难点问题

1. 航空器补水系统

机场需要为停靠的航空器提供补充饮用水、洗涤水和消防水等。为此，可以建立专门的航空器补水系统，包括设置补水设备、补水接口和补水管道，以满足航空器在停靠期间的各项用水需求。

2. 旅客用水系统

机场需要提供给旅客饮用水、卫生间用水和洗手间用水等。可以设置合适的供水设施，如饮水机、洗手盆和卫生间水龙头，以满足旅客的各项用水需求。同时，为了节约用水，可以采用节水设备和措施，如自动感应水龙头和节水冲厕系统。

3. 排水系统

机场的排水系统需要处理来自卫生间、洗手间、餐厅和商店等地点的污水。合理规划排水管道和排水设施，确保污水的畅通排放。同时，为了防止污水倒流和气味扩散，可以采用适当的防倒流装置和排气系统。

4. 雨水排水

机场的雨水排水需要应对大面积的水平面和降雨峰值。可以设置雨水收集设施，如雨水花园和雨水收集池，将收集的雨水用于植物浇灌或其他非饮用用途。同时，要合理规划雨水排水系统，确保排水管道的容量和排放能力。

5. 自动消防系统

机场的自动消防系统是保障安全的重要组成部分。需要设置消防水源、消防水泵、喷淋系统和消防水池等设施，以满足消防设备的用水需求，并确保系统的可靠性和响应速度。此外，要定期检查和维护消防设备，确保其正常运行。

6. 水质管理

为了确保供水的质量安全，机场需要进行水质管理。这包括定期监测和检测供水的水质，并采取必要的净化和处理措施，如过滤、消毒和 pH 调节，确保供水符合卫生标准。

8.2.3　港口给水排水重难点问题

1. 船舶补水系统

港口需要为停靠的船舶提供补充饮用水、洗浴水和消防水等。为此，可以建立专门的船舶补水系统，包括设置补水设备、补水接口和补水管道，以满足船舶在停靠期间的各项用水需求。

2. 船舶排污处理

港口需要处理船舶产生的污水和污物。可以建立船舶排污处理设施，如污水处理装置和油水分离设备，以确保船舶的排污符合环保要求。此外，需要建立监测和管理制度，确保船舶严格遵守排污规定。

3. 岸上设施用水排水

港口的岸上设施，如码头、仓库和办公楼等，也需要用水和排水系统。可以根据不同设施的用水需求，设计合适的供水系统和排水系统，确保设施正常运行。此外，要合理规划雨水排水系统，防止积水和水患。

4. 水质管理

为了确保港口供水的质量安全，需要进行水质管理。这包括定期监测和检测供水的水质，并采取必要的净化和处理措施，如过滤、消毒和 pH 调节，确保供水符合卫生标准。

5. 环保措施

港口需要重视环境保护，尽量减少对周围水域的污染。可以采取各种环保措施，如设置油污回收设备、建立污染物监测系统和推行环保教育等，以保护海洋生态环境。

6. 应急处理

港口需要建立应急处理措施，以应对突发事件和灾害。应制定应急预案，包括给水排水系统的应急供水和排水方案，以保障港口的正常运行和应对紧急情况。

8.2.4 交通枢纽给水排水重难点问题

1. 综合用水管理

交通枢纽涉及多种交通方式，如高铁、汽车、地铁等，每种交通方式都有不同的用水需求。为了协调各种交通方式的用水需求，可以进行综合用水管理。例如，可以制定用水计划，合理安排不同交通方式的用水时间和用水量，以减少用水冲突和浪费。

2. 多样化的供水设施

为了满足不同交通方式的需求，可以设置多样化的供水设施。例如，可以为高铁设立独立的供水系统，为汽车总站设置独立的供水设备，以确保各种交通方式的供水可靠性和灵活性。

3. 管道设计和布局

交通枢纽的给水排水系统需要合理规划管道的设计和布局。考虑到交通枢纽的复杂性，应设计合适的管道直径、长度和连接方式，以确保水流畅通无阻。同时，为了方便检修和维护，可以设置检修井和阀门等设备。

4. 统一的排水系统

为了确保交通枢纽的排水系统协调高效，可以考虑建立统一的排水系统。这包括污水排放、雨水排放和站台排水等方面。合理规划排水管道和排水设施，确保排水的畅通和污水的安全处理。

5. 灾害防护

交通枢纽需要建立灾害防护措施，以应对突发事件和自然灾害。这包括防洪设施的建设、排水系统的抗灾能力和应急处理方案的制定，以确保交通枢纽在灾害发生时能够正常运行和安全疏散。

8.3 场站建筑常用给水排水系统

8.3.1 给水系统

场站建筑常用的给水系统有生活给水系统和空调补水系统，邮轮母港建筑还有邮轮补水系统。

1. 生活给水系统

场站建筑的生活给水系统的特点是用水集中、用水扬程不高、用水区域多。

1）场站类建筑通常设有公共卫生间，使用人员多且使用时间集中，瞬时流量大。在给水计算时，通常按器具当量去计算设计秒流量，其计算系数α为各类建筑的最大值，取3.0。公交首末站的卫生间按各个地方标准不一，需要考虑是否给乘客使用。如《深圳市建筑配建公交首末站设计导则》（2022年修订版）中就规定：乘客服务区150m范围内有公共卫生间的，乘客服务区内可不设置卫生间，如乘客服务区内不设置卫生间，站务管理区必须设置卫生间；如乘客服务区150m范围内没有公共卫生间的，在乘客服务区必须设置卫生间。设置于站务管理区的卫生间一般仅供司乘人员使用，其用水量较小。场站建筑的高人流量和车辆数量导致用水需求集中，给水系统设计需要考虑高峰期的用水峰值和系统的供水能力。在设计时需要综合考虑，减少设计不足引起的缺水，措施如下：

（1）容量规划：在给水系统设计中，需要充分考虑高峰期的用水峰值，确保供水系统具有足够的容量来满足需求。通过合理的容量规划，可以避免供水系统因用水需求超过容量而导致供水不足的问题。

（2）水泵选型和布局：根据场站建筑的特点和用水需求，选择适当的水泵进行供水。水泵的选型应考虑高峰期用水需求的峰值流量和压力要求。此外，合理的水泵布局可以确保供水系统的平衡和稳定性。

（3）水源管理：对于场站建筑，需要确保可靠的水源供应。可以考虑多个水源的联合供水，如自来水、地下水或水库等。此外，还可以采取水源的储备和备份措施，以应对突发情况或供水中断的情况。

（4）供水管网设计：合理的供水管网设计是确保供水能力的关键。在设计过程中，应考虑管道的直径、长度和布局，以最大限度地减少水流阻力，并保证供水系统的高效运行。此外，可以采用分区供水的方式，将场站建筑划分为不同的供水区域，以降低单一区域的用水集中程度。

（5）智能控制系统：引入智能控制系统可以优化供水系统的运行。通过实时监测和分析用水数据，智能控制系统可以调整供水压力和流量，以满足不同时间段的用水需求。这有助于提高供水系统的效率和灵活性。

（6）用水教育和宣传：为了减少用水峰值和促进合理用水，可以进行用水教育和宣传活动。通过向乘客、员工和用户传达用水节约的重要性，引导他们形成良好的用水习惯和意识。

2）相比其他类型建筑，场站建筑的扬程较低，但需要确保供水压力和水流量的稳定性，因此需要合理选择水泵和管道布局。

（1）水泵选择：对于扬程较低的场站建筑，可以选择适合低扬程运行的水泵。通常采用离心泵或自吸泵，这些泵具有较高的效率和稳定性，并能够满足相对较低的扬程需求。

（2）管道直径和材质：在场站建筑的给水系统中，合理选择管道直径和材质对于水流量和压力的稳定性非常重要。选择较大直径的管道可以降低流速，减少阻力损失，从而提高供水压力。同时，根据使用场景选用不同的管材，如钢管或塑料管，以确保系统的耐久性和水流畅通。

（3）管道布局和降压措施：在给水系统的设计中，合理的管道布局也能影响供水压力的稳定性。系统设置应控制供水范围，避免过大的供水半径，有利于减少压力损失。此外，可以设置减压阀来控制供水压力，确保水压在合适的范围内。

（4）泵房布置：对于需要使用水泵的场站建筑，泵房的布置也需要考虑。泵房应位于供水点附近，以减少供水管道长度。泵房内的管道布置应合理，避免过长的水平管道和多次弯曲，以减少压力损失。

3）场站建筑通常需要划分不同的供水区域，如候车区、办公区和服务区等，以满足不同区域的用水需求，并便于管理和维护。

（1）用水需求分析：首先进行用水需求分析，了解不同区域的用水特点和需求。根据区域功能和使用情况，将场站建筑划分为不同的供水分区，如候车区、办公区、服务区和餐饮区等。每个区域的用水需求可能有所不同，需要针对性地进行供水规划和设计。

（2）管网设计：根据不同供水区域的用水需求，合理规划供水管网。为每个区域设计独立的供水管道，确保供水流量和压力的稳定性。管网设计应考虑管道直径、管道材质和管道布局，以最大程度地满足不同区域的用水需求。

（3）独立水源和水箱：对于不同供水区域，可以考虑设置独立的水源和水箱。这样可以确保每个供水区域有足够的供水储备，即使在供水中断或水压不稳定的情况下，也能够维持正常的用水服务。水箱容量的大小应根据区域用水量进行合理规划。

（4）供水分区管理：建立供水分区管理制度，明确不同供水区域的责任和管理方式。指定专人负责每个供水分区的供水管网运行、维护和管理工作。定期检查供水管道和设备的状况，及时发现和解决潜在问题，确保供水系统的正常运行和供水质量的安全。

（5）水表计量和监测：对每个供水分区安装水表进行计量，以监测不同区域的用水量。通过水表数据的收集和分析，可以了解不同区域的用水情况，及时调整供水策略和管理措施，实现合理用水和节水管理的目标。

（6）用水宣传与教育：开展用水宣传与教育活动，增强用户的节水意识和水资源管理意识。通过宣传和教育，引导用户合理使用水资源，减少浪费，提高整体供水系统的效率。

2. 空调补水系统

空调系统在现代场站建筑中扮演着重要角色，它为站内乘客提供舒适的温度环境，尤其在炎热的夏季或寒冷的冬季。空调系统的正常运行离不开稳定的补水系统。补水系统主要负责向空调系统提供循环冷却水补水，以保证其正常运行。场站空调补水系统的给水排水设计方案需要考虑效率、稳定性和环保等因素。

1）补水设备与水源

补水设备应连接到可靠的水源，如市政供水管网或自有水源。考虑到补水的需求，必须确保水源的质量和供应量能满足需求。

2）补水管道设计

补水管道应尽可能直接连接到空调系统。管道的尺寸、材质和布局应考虑到水流的需求、可能的压力损失和系统的安全性。同时，需要采取合适的防回流污染措施。

3）自动控制系统

应配备自动控制系统，以根据空调系统的实际需求自动调整补水量。自动控制系统可以提高补水效率，减少能耗，并可以在发生故障时自动报警。

4）设备与管道的保护

为了防止设备和管道的冻裂或腐蚀，应根据实际情况采取适当的保护措施，如伴热、绝热或防腐处理。

5）环保措施

为了减少对环境的影响，应考虑采用雨水收集和再利用、废水处理和再利用等环保措施。

3. 邮轮补水系统

2023 年 6 月 6 日，我国第一艘国产大型邮轮正式下水，这艘船的出现，填补了国产大型邮轮的空白，实现国产大型邮轮领域零的突破。当邮轮停靠时邮轮母港会对邮轮进行补水，并将邮轮上的污水排出并收集起来排放。通常一艘邮轮每次停靠补水 600～1000t，补水量 100～200t/h，补水时间一般为 6～8h。在邮轮母港设计前期就需要单独设计这部分的存储水量，并需要考虑下一艘邮轮靠岸补给前将补水水池充满。对于港口场站建筑，需要考虑邮轮的补水需求，包括饮用水、洗浴水和消防水等，以满足邮轮停靠期间的各项用水需求。

1）水源供应：确保可靠的水源供应是满足邮轮补水需求的关键。港口场站建筑可以与当地供水公司或水源供应商合作，确保稳定的饮用水和非饮用水的供应。这包括与供水公司签订合同、建立长期的合作关系，并确保水源质量符合卫生标准。

2）补水设施：在港口场站建筑中，应设置适当的补水设施，以满足邮轮各项用水需求。这包括为邮轮提供饮用水补给设施、洗浴水补给设施和消防水补给设施等。根据邮轮的停靠需求和用水量预测，设计合适的设备和管道布局，确保补水设施的稳定性和可靠性。

3）补水管道和连接：为了方便补水，港口场站建筑应设置合适的补水管道和连接设施。这包括与邮轮的补水接口匹配、确保连接安全和防漏，并提供方便的补水操作。同时，应规划合理的管道布局，减少管道长度和阻力，以确保补水流量和压力的稳定性。

4）水质管理：补水过程中，需要确保补水水质符合卫生标准。港口场站建筑应采取适当的水质管理措施，包括水质检测、净化处理和消毒等，以保证补水水质的安全和卫生。定期监测和检测补水水源的水质，确保水源符合要求。

5）用水计量和收费：为了合理使用水资源和进行成本管理，可以考虑对邮轮的补水量进行计量，并根据实际用水量进行收费。通过安装水表或其他计量设备，实时监测补水量，并制定合理的收费政策，促进节水和资源的合理利用。

8.3.2 排水系统

场站建筑排水系统主要有卫生间排水系统、厨房排水系统、雨水排放和站台排水等。场站建筑卫生间排水通常采用异层排水，当卫生间下一层不是卫生间时宜设置沉箱采用同层排水。根据场站内的餐饮条件，一般是需要将餐饮厨房排水收集起来统一处理后排至室外污水管网。排水系统需要合理规划管道布局、设备选型和排放方式，以确保排水畅通和环境卫生。

1. 管道布局

在排水系统的设计中，合理的管道布局是确保排水畅通和高效的关键。根据场站建筑的结构和功能，设计合适的排水管道网络，确保污水和雨水能够顺利排出。优化管道布局，减少管道长度和转弯，以减少阻力和堵塞的风险。

2. 设备选型

根据场站建筑的规模和需求，选择适当的设备用于排水系统。这包括选择合适的泵站、沉淀池、过滤器和其他辅助设备。设备的选型应考虑到场站建筑的用水量、污水特性和处理要求，确保设备的可靠性和性能。

3. 污水排放

需要确保场站建筑污水能够被有效处理和排放。设计合适的污水管道和接口，连接到污水处理设施或排放系统。污水处理设施可以包括沉淀池、生物处理池和消毒设备等，以确保污水符合环境排放标准。

4. 雨水排放

对于场站建筑的雨水排放，需要规划合适的雨水管道和排放方式。收集和利用雨水可以减少对排水系统的负担和水资源的浪费。合理设置雨水口和排水沟，将雨水引导到合适的排水出口，避免积水和水患的发生。大型的场站通常屋面面积都很大，如果采用重力排水，其立管数量会特别多，所以大型场站建筑一般都使用虹吸排水。机场或者高铁站出现漏雨水的情况，通常有设计和施工两方面原因。设计方面：一方面是虹吸雨水斗斗前水深设计不合理，斗前水深值过大，雨水会顺着天沟和屋面之间的缝隙进入到室内，造成漏水；另一方面是屋面安装的虹吸雨水斗数量太少，雨水斗间距过大导致屋面雨水排放不及时，容易形成积水。如屋面防水工程有瑕疵，积水很容易发生渗漏。在设计中就需要综合考虑建筑汇水面积，结合暴雨重现期设置足够的雨水斗并优化斗前水深。

5. 站台排水

对于场站建筑的站台区域，需要单独设置站台排水系统。站台排水系统应能够迅速排除站台上的雨水和污水，确保站台干燥和安全。设计合适的排水槽、排水沟和排水管道，将站台上的水流引导到合适的排水出口。

6. 环境卫生

排水系统的设计和规划应充分考虑环境卫生因素。合理设置排水设施和排放点，避免污水和雨水对周围环境的污染。定期清理和维护排水设施，确保排水系统的正常运行和环境的卫生。

7. 单独排水系统

有通关要求的机场港口，因检验检疫要求，在通关前通常需要设置单独的排水系统和单独的化粪池。隔离区的污水设置污水消毒池处理，污水消毒池是用于对污水进行消毒处理的设施，其主要目的是杀灭或去除污水中的病原体、细菌和病毒，使污水在排放或回用前达到安全标准。污水消毒池需要沉淀、消毒处理（图8-1），通常采用二氧化氯消毒。

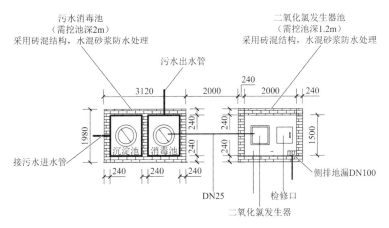

图8-1　污水消毒池及设备构筑物

8. 真空排水系统

排水系统通常采用的是重力形式，由于地铁站和地下区域通常地势较低，且地铁站场地有限，传统的重力排水系统可能受限于地形和空间，因此真空排水系统在地铁站的排水方案中也得到了广泛应用。真空排水系统是一种现代化的污水排放系统，它利用负压来将污水从低处收集并输送到污水处理设施或集中汇水点。与传统的重力排水系统相比，真空排水系统具有更多的优点，适用于特定场所和条件。

1）特点和优势

引入真空技术：地铁站真空排水系统利用真空泵和管网，采用真空原理将雨水和污水从低处收集并抽送到汇水点或处理设施。

适应地下地形：地铁站和地下区域地势较低，通过真空排水系统可以灵活布置管道，更好地适应地下地形，减少对地面交通和景观的影响。

节约空间：真空排水系统的管道直径相对较小，可节约安装空间；真空排水系统设备和管道无须在排水点处下挖或下挖的空间很小，可以减少地面开挖面积，节约空间，降低施工难度。

自动化控制：地铁站真空排水系统通常配备自动化控制系统，可以根据雨水量和污水流量实时调节真空泵的运行，提高排水效率。

2）工作原理

真空排水系统是一种利用真空原理将污水和雨水从低处收集并抽送到集中汇水点或处理设施的系统。它基于空气压力差和真空泵的工作原理，通过管道将污水从低处抽送到高处或集水点，实现高效排水。

真空排水系统的工作原理包括以下几个主要步骤：

（1）收集：在需要排水的区域设置收集井或集水井。当污水或雨水进入收集井时，收集井内的液位逐渐上升。

（2）建立真空：当收集井内液位达到一定高度时，自动控制系统启动真空泵。真空泵开始工作，抽出收集井内的空气，形成负压（真空）状态。

（3）真空抽水：由于收集井内建立了负压，使得收集井内的污水被真空泵抽取，通过管道进入真空管网。

（4）管道传输：污水在真空管道中流动，由于管道处于负压状态，污水会被带入管道并沿着管道向上移动。

（5）汇水点或处理设施：污水被输送到集中汇水点或处理设施。在集中汇水点，可以对污水进行进一步处理或排放。在某些情况下，真空排水系统也可以直接将污水输送到污水处理厂进行处理。

（6）气液分离：在汇水点或处理设施，将污水和空气进行分离。通过气液分离器，将空气排放到大气中，而将污水保留进行处理。

真空排水系统通过负压和真空泵的工作，实现了将污水从低处收集和抽送到高处或集中汇水点的目的，适用于地形较为复杂、有限空间的排水需求。它可以提供高效、节能和灵活的排水解决方案，并广泛应用于城市地铁站、高层建筑、景区和工业区等。

8.3.3　消防系统

场站建筑根据各自功能的不同，其消防系统也略有差别，主要有室内外消火栓系统、自动喷水灭火系统、大空间智能水炮系统、窗玻璃防护冷却喷淋系统、水喷雾系统及细水雾系统等。需要满足消防设备的用水需求，并确保系统的可靠性和响应速度。

1. 消防水源

为消防系统提供可靠的消防水源是至关重要的。常见的消防水源包括市政供水系统、自然水体和消防水池等。确保消防水源的稳定供水和足够的水压，才能满足消防设备的用水需求。

2. 消防水泵

选择合适的消防水泵是确保消防系统正常运行的关键。根据场站建筑的规模和需求，选择适当类型和规格的消防水泵。消防水泵应具备足够的扬程和流量，能够提供所需的消防水量、水压，并保持系统的可靠性。

3. 自动喷水灭火系统

自动喷水灭火系统是消防系统的核心部分。根据场站建筑的结构和消防要求，设计合适的自喷系统。自喷系统的布置应确保喷头和管道能够覆盖整个建筑物，并在火灾发生时及时喷水。通常大型场站有较多的高大空间，自动喷水灭火系统无法适用时还需要设置大空间智能水炮去保护，在轨道交通站通常还会用到细水雾系统。在一些商业中庭区域也会设计窗玻璃防护冷却喷淋系统，确保作为防火分隔的防火玻璃满足隔火隔热的要求。

4. 消防水池

在场站建筑中，设置消防水池是一种常见的措施。消防水池用于存储大量的消防用水，并提供消防水源。水池的容量和布置应根据消防需求进行设计，以确保消防设备在紧急情况下有足够的水量供应。

5. 水泵和管道协调

消防系统的水泵和管道与水源供应的协调非常重要。水泵的选型和布局应与水源供应系统相匹配，以确保消防水源能够提供足够的水压和流量。管道的直径和材质也要合理选择，以减少水流阻力，保持消防系统的正常运行。

6. 管线敷设

因地制宜，合理布置消防管线，使得消防管线做到既美观又能保证系统的可靠性。如大空间智能水炮系统需要与建筑配合选择适合的位置，当采用钢桁架时可以将管道与桁架结合来布置。图 8-2、图 8-3 为某项目实施过程中将水炮与桁架结合布置的剖面及桁架内管道排布示意。

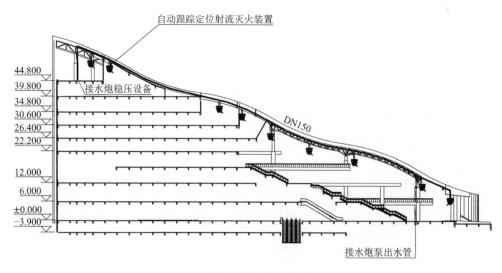

图 8-2　水炮与桁架结合布置剖面图

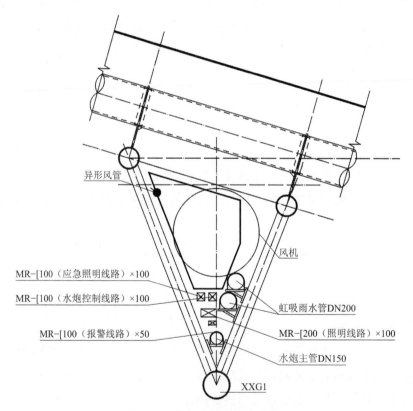

图 8-3　桁架内管道排布示意

7. 定期检查和维护

对于消防系统，定期的检查和维护是保证其可靠性和响应速度的关键。定期检查消防水源、水泵、喷淋系统和监测设备的功能和状态，确保其正常运行。同时，进行必要的维修和更换，以保持系统的完好和可靠性。

8.培训与演习

为了确保消防系统的有效使用,相关人员应接受培训,并定期进行消防演习。培训包括系统的操作、报警响应和灭火技能等方面,以提高人员对火灾应对和消防系统的应用能力。

8.3.4 直饮水系统

场站类建筑都是人员流动量大的公共场所,宜在这类建筑设立直饮水设施。

1. 直饮水设置的意义

1)旅客需求:为在场站等候或者中转的旅客提供便利的饮水服务,这对于旅客的满意度和舒适度是非常重要的。

2)公共卫生:提供安全、卫生的饮用水,可以预防旅客因饮用水质不良而可能产生的健康问题。

3)环保:设立直饮水设施,可以鼓励旅客使用自带的水杯,从而减少一次性瓶装水的使用,有利于环保。

4)服务提升:高质量的直饮水服务,可以提升场站的服务水平和形象,有助于提高旅客的满意度和忠诚度。

5)节约成本:相比购买瓶装水,自己提供直饮水可能会更经济、更节省成本。

2. 直饮水分类

直饮水系统分为集中式和分散式两种。

1)集中式直饮水

集中式直饮水是一种供水系统,旨在向居民、办公室、商业建筑等大型社区提供直接饮用水的服务。相较于传统的水龙头供水,集中式直饮水系统提供更高质量的饮用水,并且具有更多的便利性和卫生保障。这个系统通常包括以下几个主要组成部分:

(1)水处理设备:集中式直饮水系统会通过专业的水处理设备对自来水进行深度处理和净化,去除潜在的有害物质,如杂质、细菌、重金属等,以确保供水的安全和健康。常见的处理过程包括预处理(去除泥沙、悬浮物等)、过滤(进一步去除微小颗粒和微生物)、软化(去除水中的硬度)、消毒(杀灭水中的病菌和病毒)等。处理的目标是使水质达到饮用水标准。

(2)管网系统:集中式直饮水系统会建立独立的管网系统,将处理后的水输送到各个用户端口,确保水质的稳定性和卫生。

2)分散式直饮水

分散式直饮水系统是一种将饮用水处理设备分散安装在用户使用点附近的供水系统。与集中式直饮水系统不同,分散式直饮水系统将水处理设备直接安装在每个用户的用水点。分散式直饮水系统适用于需要在多个地点提供直接饮用水的场所,比如机场航站楼、高铁站、大型办公楼、酒店、学校、医院等。由于每个点都有独立的水处理设备,因此水质的控制和监测相对简单,可以更好地确保用水的安全和卫生。然而,由于需要分别安装设备,初始投资成本可能较高，但长期来看可以带来更加方便和可靠的饮用水供应。

分散式直饮水系统的主要特点包括：

（1）分散安装：水处理设备不像集中式系统那样集中安装在一个地方，而是分别安装在用户使用水的地点。每个用户都有自己的水处理设备，这样可以降低管网传输过程中水质受到污染的风险。

（2）独立供水：每个用户的水处理设备都独立供水，因此用户之间的用水不会互相影响。一旦水处理设备将自来水处理成直饮水，用户就可以直接从设备中获取干净、安全的饮用水。

（3）简化管网：相对于集中式系统的复杂管网，分散式直饮水系统的管网相对简化，因为水处理设备直接连接到用户使用点。

（4）灵活性：分散式直饮水系更加灵活，可以根据不同用户的需求进行定制。不同场所的水处理设备可以根据具体情况进行选择，满足用户的各种饮用水需求。

3. 饮水点设置要求

在场站设置饮水机的过程中需要考虑很多因素，以确保旅客的需求得到满足，同时应符合健康和安全的要求。以下是一些主要的考虑因素：

1）位置：饮水机应该设在旅客容易看到和到达的地方，例如候机大厅、休息区、餐厅和登机口附近。同时，饮水机的位置应远离可能导致水质污染的源头，例如卫生间和垃圾箱。

2）数量：饮水机的数量应根据机场的规模和旅客的人数来决定，以确保在高峰时段也能满足旅客的需求。这需要进行一些预测和统计分析。

3）设计：饮水机应易于使用和维护，包括清洁和更换滤芯等。此外，饮水机的设计应符合相关的健康和安全标准，例如提供足够的间隔以防止交叉污染。

4）水质：饮水机应能提供符合饮用水标准的水。这需要设定定期的水质监测和维护程序。

5）可持续性：饮水机的设计和操作应尽量考虑环保和节能，例如使用节水的设备，减少能耗，或者鼓励旅客使用自己的水杯。

6）信息：饮水机的位置和使用方法应提供清晰的标识和指示，以方便旅客使用。

8.4 工程实施过程中常见问题及处理

8.4.1 管材选用问题

一般场站类建筑对管材没有特殊要求，但港口类建筑由于大多是靠海而建，其特殊的环境需要全面考虑各种因素，包括管材耐腐蚀性、强度、耐磨性、安装和维护的便利性，以及成本效益。港口的室外管线经常会遇到腐蚀和损坏的情况，设计时需要谨慎选择管材。

每种材料都有其特点和适用场合，选择时需要根据具体的工程需求和预算进行综合考虑。

1. 室外排水管

耐腐蚀性是港口环境中非常重要的一个因素。由于港口环境经常受到海风、雨水和海水的影响，因此排水管需要有良好的耐腐蚀性。强度和耐用性也是需要考虑的重要因素，排水管需要有足够的强度来承受外部的负载。耐磨性是另一个重要的考虑因素。如果排水中含有砂石或其他固体物质，排水管就需要有很好的耐磨性。在选用室外排水管时可以考虑采用高密度聚乙烯（HDPE）双壁波纹管和混凝土管。在安装和维护方面，塑料管具有明显的优势，它们比金属管和混凝土管更轻，更便于安装，而且维护成本也更低。此外，塑料管材的连接方式多样，安装方便，可以有效地降低工程成本。港口类建筑位于海岸边，一般地下水位较高，有的港口由回填形成，地质较差，需进行软基处理。考虑到沉降和腐蚀因素，可以采用 HDPE 双壁波纹管，其具有抗弯曲变形的优点，并有很好的延展性。砌筑检查井所用的模块在浇筑时，要针对土质特点掺入适量添加剂进行防腐。直径小于 900mm 的检查井底板采用素混凝土基础，强度等级为 C25；直径大于 900mm 的检查井底板采用钢筋混凝土基础，强度等级为 C25。同时为保证污水检查井不渗漏，在砌筑时必须使第一层砌块镶嵌在检查井底板 40mm 深。

2. 室外给水管

室外给水管可以考虑采用球墨铸铁管，在港口类有腐蚀区域可以采用 PSP 等抗腐蚀性较好的塑料管。

3. 加强管道的防护措施

在港口建筑室外给水排水管道中，需要加强管道的防护措施，如涂层防腐、外加保护层等。这些措施能够有效地提高管道的抗腐蚀性和耐用性，延长管道的使用寿命。

4. 定期维护和保养

港口建筑的给水排水管道需要定期进行维护和保养，如清洗、检查管道是否有损坏等。这些措施可以及时发现和修复管道的问题，确保管道的正常运行。

8.4.2　卫生间

卫生间在场站建筑内是很重要的一个设施，在设计时要尤其注意。常见的问题是设计管径偏小、卫生间排水管坡度不够、排水管影响下一层使用等。

1. 当量计算

卫生间大便器和小便器数量通常是由建筑计算提供，场站类建筑通常使用人数多且集中，有的场站实际使用人数比计算值大，建筑师需要考虑实际情况去放大卫生器具数量。场站类建筑在下车或者下船时，卫生间的卫生器具同时使用的概率大增，所以可以考虑放大系数。对于邮轮母港，其使用人数应该考虑 2 艘邮轮同时停靠的情况去加以复核，给水排水专业也可相应放大取值系数。

2. 卫生间设置

场站内的卫生间下层可能是其他使用空间，这种情况下要特别注意在卫生间做降板，不要影响下层房间的使用功能。场站内的卫生间通常很大，排水管线应有足够的坡度，以便水流顺畅。排水管的坡度应严格满足规范要求，建议采用规范中值设计。坡度过小可能会导致水流不畅、管道堵塞；坡度过大则可能会导致水流过快，影响排水效果。在做降板时就需要考虑坡度问题，合理提出降板高度，以免降板不够影响排水坡度。

3. 通气

卫生间设计还需要考虑防臭和排水通畅问题，一般需要设置器具通气管或者环形通气管。

8.4.3　雨棚

很多场站类建筑在设计时因美观原因会不设置雨棚，但在实际使用中发现，没有雨棚时雨天会有大量旅客堵在出入口处。雨棚的排水尽量做到有组织排水，在使用上会更加实用。在进行雨棚排水设计时，需要考虑以下要点：

1. 雨棚的形状和尺寸

雨棚的形状和尺寸直接影响到排水的效果。一般来说，雨棚的形状应该是斜面或者拱形，这样可以让雨水自然流向下方的排水口。同时，雨棚的尺寸也需要根据建筑物的尺寸和使用需求来确定，不能过大或过小，以免影响排水效果。

2. 排水口的设置

排水口的设置是雨棚排水设计中非常重要的一部分。排水口的位置应该合理，以确保雨水可以自然地流向排水口。排水口的数量和尺寸需要根据雨棚的汇水面积和使用需求来决定，并且排水口的位置应该选在低洼处，以便更好地排出积水。

3. 斜面的倾角和排水管道的坡度

斜面的倾角和排水管道的坡度也是雨棚排水设计中非常重要的一部分。斜面的倾角应该根据雨棚的面积和排水口的数量来决定，倾角过大或过小都会影响排水效果。排水管道的坡度也应该适当，以确保雨水可以自然流向排水口。

4. 排水管道的材质和规格

排水管道的材质和规格也是雨棚排水设计中需要考虑的重要因素。通常采用的排水管道材料有 PVC、PE、铸铁、镀锌钢管等，规格的选择需要根据设计汇水面积、暴雨强度和设计重现期确定，以保证排水畅通和系统的正常运行。

5. 排水设施的维护

排水设施的维护也是雨棚排水设计中需要注意的一点。定期清理排水口和排水管道，确保畅通无阻，避免积水和漏水等问题的发生。同时，排水设施的维护也可以延长设施的使用寿命，减少维修和更换的成本。

6. 结构安全

雨棚的设计应考虑其结构的安全性。例如，雨棚应能够承受雨水的重量，防止雨棚因为雨水积聚而坍塌。同时，雨棚的固定方式也应安全可靠，防止雨棚在风雨中脱落。

总之，在进行雨棚排水设计时，需要考虑到雨棚的形状和尺寸、排水口的设置、斜面的倾角和排水管道的坡度、排水管道的材质和规格，以及排水设施的维护等方面。通过合理的设计和维护，可以确保雨棚排水的效果和安全性，提高建筑物的使用效果和舒适度。

8.4.4 餐饮厨房排水

在场站的设计中通常会有较多的配套餐饮商业，设计厨房排水系统的过程中，会遇到一些常见的问题，包括排水管道设计流量不足、管道设置不合理、管道安装冲突等。

1. 不合理的管道坡度

排水管必须具有适当的坡度，以便水能顺利地排入下一构筑物。厨房排水沟的坡度标准应该在 2%～5%之间。坡度过小会导致水流速度不够快，在流动过程中会沉淀油脂、残余物质等，最终堵塞管道。而坡度过大则会增加施工难度，同时也会增加建设成本。因此，我们需要遵守适当的坡度标准，确保排水通畅、建设便捷、费用合理。

2. 管径不足

如果排水管道直径过小，会导致水流不顺畅，甚至堵塞。管道直径应该根据厨房的使用需求和流量来选择。一般来说，厨房排水管道直径应为 DN150，最小不能低于 DN100。

3. 缺乏适当的通气

厨房排水系统需要适当的通气来帮助水顺利地流入下水道。如果没有适当的通气，可能会产生负压，导致水排不出去。解决方案是注意设置伸顶通气管。

4. 设计和实际安装不符

设计阶段可能会忽视实际安装条件，如地板高度、墙面位置等，导致实际安装过程中出现问题。另外后期商业部分也可能会变更用途为餐饮。解决方案是设计时考虑到实际安装的情况，确保设计和实际安装相符，前期设计的时候也可以适当多预留商铺的排水条件。

5. 排水系统维护不当

厨房的排水系统应该定期进行检查和清洁，以防止脏物积累导致管道堵塞。一旦发现问题，应立即进行处理。

6. 缺乏格栅

格栅能够阻止大块食物和其他废物进入排水系统，防止堵塞。如果没有安装格栅，会导致厨房排水系统的堵塞风险增大、维护成本增高。

8.4.5 雨水管隐藏

场站类建筑通常拥有较大的屋面面积，因此雨水管的数量很多。为了让建筑外观更美观，避免雨水管线的视觉干扰，建筑会要求将雨水管隐藏起来。以下是几种常见的隐藏雨水管的方法。

1）内墙隐藏：将雨水管线安装在建筑的内墙内部，通过墙体内部的空间进行隐藏。这种方法适用于新建建筑，在施工时就可以将雨水管线嵌入内墙，以实现完全的隐藏效果。

2）外墙隐藏：将雨水管线隐藏在建筑的外墙表面下。可以通过在外墙上开槽或埋设管道的方式，将雨水管线放置在外墙内部，然后用石膏、砂浆或其他材料将开槽处封闭，使其看不见。

3）顶部隐藏：将雨水管线隐藏在建筑的屋顶结构内部。在屋顶的构造中留出空间，将雨水管线安装在其中，然后用屋顶材料进行遮挡，使其在屋顶上不可见。

4）墙体装饰隐藏：在建筑外墙表面设置装饰性构件或装饰物，将雨水管线隐藏其中。例如，可以通过在外墙上设置雕花、雕刻或装饰板等方式，将雨水管线巧妙地隐藏在其中。也可以将雨水管与建筑物刷成同一颜色，视觉上就不会那么突兀。

需要注意的是，在隐藏雨水管线时，要确保管线的排水功能不受影响，并保证管道的通畅。此外，为了方便维护和检修，建议在隐藏的管道上设置检查口或保养孔，以便需要时能够便利地进行管道维护。

8.4.6 高大空间消防

场站一般会有较多的高大空间（净高大于 8m 的地方），在消防设计时可以采用大空间智能型主动喷水灭火系统（水炮）或者自动喷水灭火系统。一般用自动喷水灭火系统在安全性、可靠性上更好一些。在高大空间的自喷设计时经常会遇到喷头选型、布置及自喷流量的错误。大空间的喷头布置需要按照《自动喷水灭火系统设计规范》GB 50084—2017 第 5.0.2 条去选用，场站类建筑通常按照其中的航站楼选取参数，喷头布置间距不应大于 3.0m 且不宜小于 2.5m，按喷水强度去选取 K115 或者 K161 的快速响应喷头。自喷系统最不利点处喷头的最小工作压力不应低于 0.05MPa，自喷系统设计流量与喷头间距和喷头工作压力有关。喷头间距越小，作用面积内喷头数量越多，喷头工作压力越大，系统设计流量越大。实际工程中，选出满足设计喷水强度最小流量对应的最不利喷头工作压力，同时考虑系统安全性以及经济合理性，布置间距宜为 3m×3m，喷淋支管采用 DN50 且不宜变径。

8.5 典型场站建筑给水排水设计案例

8.5.1 项目概况

深圳蛇口邮轮中心位于粤港澳大湾区核心枢纽深圳前海蛇口自贸区，是一座集水陆交通快捷集散、通关服务、商务办公、旅游、休闲观光于一体的口岸大型公共建筑。拥有目前世界最大的邮轮母港航站楼和最大的 22 万总吨邮轮泊位，是深圳连通世界的"海上门户"，是镶嵌在"一带一路"上璀璨的明珠。项目占地 42614.78m²，总建筑面积 138169m²，总造价约 16 亿元；拥有 22 万 GT 和 10 万 GT 的邮轮泊位各 1 个，2 万 GT 滚装泊位 1 个，800GT 的高速客轮泊位 10 个，建筑总高度 64m，整个建筑由 13 层构成，地下 2 + 1 层，地上 10 层，其中地下 2 层为社会停车场，地下 1 层为公共交通接驳，地下夹层为行李出入境处理，地上 1~2 层为出入境联检通关服务，3~4 层为配套商业和观海长廊，5~8 层为商务办公，9~10 层为休闲观光。

1. 给水系统

本项目周边市政供水管网为环状，水压约为 0.28MPa，自沁海路和海运路分别引入一条 $DN200$ 给水管向本区供水。生活泵房及消防泵房、邮轮补水专用泵房均设置在地下 2 层设备区，在充分利用市政水压的前提下进行给水系统分区，具体如下：

直供区：3 层及以下楼层由本工程市政环网直接供水；

加压区：4 层及以上由变频泵组加压供水、超压楼层设置减压阀；

邮轮专用供水系统：专用变频泵组及管网，接驳至码头邮轮补水点。

2. 热水系统

本项目不设计集中热水系统，茶水间、母婴室等局部零散热水需求点，分别采用电热水炉、即热式电加热龙头。经过回访项目近几年运营情况，可满足项目旅客、进场客户使用。

3. 污废水系统

本项目排水采用污废分流形式，洗手盆及地漏排水与便器排水分开，有效解决了地漏返臭问题；各餐饮厨房含油排水设置独立系统，在室外设计 2 座 4m³ 混凝土隔油池。因邮轮本身自有污水的基础情况复杂，需要单独处理量大，瞬时排水会对邮轮中心自有管网冲击较大。因此建设单位明确邮轮中心的室外排水管网不承接停泊邮轮及客船的污废水，邮轮及客船的自有污水的排水工作由专用吸污船及检修专用码头承接。

4. 雨水系统

本项目建筑屋面方案设计新颖独特，以坡度较大的形式放坡向首层入口，当暴雨来临时，屋面承接雨水因重力及坡度向屋面最低点主出入口位置流动，因此屋面雨水系统设计对项目主出入口的人员、车辆安全都至关重要。屋面雨水设计重现期 $P = 10$ 年，5min 降雨历时设计暴雨强度为 5.83L/(s·100m²)，屋面雨水设计总排水能力达到降雨重现期 $P = 100$ 年，下沉广场、车库入口设计重现期为 $P = 50$ 年，红线范围内设计总雨水量为 1080L/s。经过反复斟酌，屋面设计 12 个汇水分区，根据屋面坡度的具体情况，结合室内桁架及装饰设计，最终采用虹吸雨水系统，布置了 13 段截水沟，设计了 62 个虹吸雨水斗。

5. 消防给水系统

本项目超大空间设计大空间标准型自动扫描射水高空水炮系统保护大面积的高大空

间，其他区域设计自动喷水灭火系统，车库区域设计闭式泡沫-自动喷水灭火系统；在各层商铺防火玻璃设计区域，设置防火玻璃防护冷却喷淋系统，确保防火玻璃满足隔火隔热的要求。

8.5.2 主要设计参数

1. 给水系统

给水系统设计用水量计算见表 8-1。

设计用水量计算 表 8-1

用水单位	用水定额		单位数量		用水时间（h）	时变化系数K	最高日用水量（m³/d）	最大时用水量（m³/h）
	数量	单位	数量	单位				
办公	40	L/(人·班)	7576	人·班	16	1.4	303.0	26.5
商业/餐饮	25	L/(人·次)	29642	人·次	16	1.4	741.1	64.8
候船旅客	5	L/(人·次)	25000	人·次	16	1.3	125.0	10.2
绿化	2	L/(m²·d)	12790	m²	4	1	25.6	6.4
道路冲洗	2	L/(m²·d)	16568	m²	4	1	33.1	8.3
车库冲洗	2	L/(m²·d)	31643	m²	8	1	63.3	7.9
空调补水	8	m³/h	16	h	16	1	128	8
邮轮补水	50	m³/h	20	h	20	1	1000	50
未预见水量	—	—	—	—	—	—	242	17.2
生活用水量	—	—	—	—	—	—	2661	189.4
市政自来水	—	—	—	—	—	—	2596	173.3
市政再生水	—	—	—	—	—	—	65	16.1

2. 消防给水系统

消防系统设计水量计算见表 8-2。

设计消防水量计算 表 8-2

用水项目	设计流量（L/s）	火灾延续时间（h）	用水量（m³）	备注
室外消火栓系统	40	3	432	不计入消防水池
室内消火栓系统	40	3	432	
自动喷水灭火系统	30	1	108	地下车库 80L/s
大空间智能型主动喷水灭火系统	20	1	72	
窗玻璃防护冷却喷淋系统	60	1	216	
合计	一次火灾用水量 1260m³，其中室内 828m³			

注：地下车库自喷水量小于地上的自喷＋水炮＋窗玻璃冷却喷淋总水量，水量按地上消防水量计算。

8.5.3 主要系统简图

主要系统示意见图 8-4。

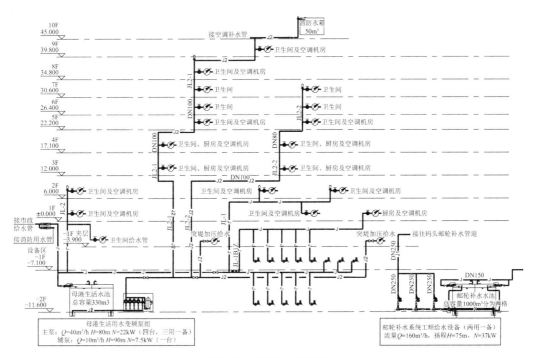

图 8-4 简化给水系统图

8.5.4 工程特点

本项目地上部分建筑面积 7.6 万 m²，融合了邮轮候船、行李托运、港澳通关口岸、交通集散、集中餐饮、商业、办公、观景平台等丰富的业态。造型极具特色，地上部分主体结构呈阶梯形式向上布置，楼层越高，建筑面积越小，特殊的结构形式、高档大气的装修效果及更高的消防设计要求，对于各层消防给水设施的布置提出了命题及考验。结合项目业态，本项目呈现用水需求高，管道设计布置难度大，观景平台雨水排水、屋面雨水排水设计要求高，且排水安全性与项目景观、装饰及造型结合矛盾点多等特点。另外项目特有的兼具对港澳便捷快船业务，设立了海关、边检、海事管理等入驻机构，对机电系统要求高，入境前的卫生间及海关检疫所需的负压隔离室等特殊业态，对给水排水系统均提出了更高的要求。

1. 给水系统

在地下 2 层设置 2 个水泵房，充分利用市政水压，并采用变频节能装置减少项目供水系统运行的费用。设置了邮轮专用的补水系统，可同时向 2 艘邮轮补水，体现邮轮母港的便利性和功能性，为各邮轮公司后期安排船期提供了可靠的保障。

2. 排水系统

采用污废分流，邮轮落客待检区域及海关检验检疫机构设置的负压隔离室排水系统单独设置排水，接入室外专用管网并接入独立的化粪池，设置专用消毒设施。经专用消毒设施对这两处的污水进行消毒后排入项目室外废水管网。在新冠疫情防控期间，蛇口邮轮中心一直有正常对香港机场运营客船业务办理，经过防控的考验，该项目排水系统达到了防疫防控的需求，蛇口邮轮中心没有发生因排水系统互串导致的群体性病毒感染情况。

3. 雨水系统

主体屋面采用虹吸雨水系统，雨水收集后排至室外雨水管道；室外地面雨水经雨水口收集接至雨水管，再汇集排至市政雨水管网。各虹吸雨水斗尾管及虹吸雨水干管设计于屋顶钢结构桁架内，与防排烟风管、消防水炮干管进行 BIM 综合管线设计排布，最终装饰隐藏于桁架内部。

4. 水炮系统

大空间区域采用大空间标准型自动扫描射水高空水炮系统，管网布置于主体结构桁架内，电磁阀、检修阀等放置于桁架内部，水炮置于外部，确保系统灭火的可靠性和及时性。

5. 室内消火栓系统

因其建筑呈阶梯形式向上布置，楼层越高，建筑面积越小的特性，给水排水专业与室内精装修专业紧密配合，参考机场、火车站等大空间较多的类似案例，设计了落地式消火栓。栓口距离地面仍按规范控制为 1.1m，内部布置卷盘及水带、报警按钮。电气专业结合落地式消火栓设计插座点位，为后期增加运营点位、清理设备接电及旅客使用充电设备提供了便利，将一个在大空间处必须放置的、略显突兀的消防设备，设计成了一个美观、精致，且具备经营、便民功能性的综合设施。

8.5.5 建成效果

项目效果见图 8-5、图 8-6。

图 8-5　邮轮中心效果图

图 8-6 邮轮中心实景图

8.5.6 工程获奖情况

虽然本工程建设周期紧张，但经过参建各方的全心投入和通力合作，项目完成效果非常理想，各专业系统运行正常，达到了设计预期效果。项目也多次获得建筑工程设计类各项大奖。

荣获 2019 年度广东省优秀工程勘察设计奖"建筑工程"三等奖；

荣获 2018 年第十届广东省土木工程詹天佑故乡杯奖；

荣获 2018 年第六届广东省土木建筑学会"科学技术奖"二等奖。

8.6　本章小结

场站建筑给水排水设计是为了满足场站建筑内外的用水、排水和污水处理需求，保障建筑物内部设施和场地的用水和排放，以下是笔者对场站给水排水设计的一些总结。

给水设计：根据场站建筑的用途和规模，确定建筑物内的用水需求，包括生产用水、生活用水和消防用水等。用水设计需要考虑用水量的峰值、用水点的位置布局、管道管径和材质等因素。

排水设计：场站建筑的排水系统包括雨水排水和污水排水。雨水排水需要考虑降雨量、径流系数和排水设施的设置，确保建筑物和场地的排水畅通。

消防设计：场站建筑的消防用水系统需要确保消防水源充足，并合理布局消火栓和喷淋系统，以保障火灾应急情况下的用水供应和火灾扑救效果。

节能措施：在给水排水设计中，可以考虑采用节能措施，如合理设计供水系统、利用雨水进行冲洗和灌溉、回收污水中的能量等，以减少对能源的消耗。

维护管理：给水排水系统的维护管理对于场站建筑尤为重要，应定期检查和保养设施，确保系统的正常运行和延长使用寿命。

总　结

建筑给水排水专业作为建筑传统五大专业之一，虽其所占工程量比例不高，但重要性是不容忽视的。曾有业内人士将建筑物比作一个人，建筑专业是其外表，结构专业是其骨骼，而给水排水专业是其血液系统和免疫系统。编者认为这一比喻非常直观恰当，建筑给水排水专业不仅肩负着人们日常生活所需净水的输送、污废水的排放，还担负着关乎生命财产安全的消防重任。尤其在当今越来越多的超高、超大、复杂建筑综合体中，合理、适用的给水排水系统设计不仅可以降低工程造价、减少后期运营维护成本，为人们提供水质、水量、水压、水温稳定可靠的供水系统，及时排除使用过程中产生的污废水及雨水，避免有毒有害气体进入室内空间，而且能够及时扑灭建筑初期火灾、避免造成重大生命财产损失。给水排水系统对于建筑物的正常使用和安全保障都非常重要。

本书选取了住宅建筑、商店建筑、办公建筑、酒店建筑、医疗建筑、教育建筑、场站建筑等七类典型民用建筑进行剖析，对各类建筑的定义、设计重难点问题、常用给水排水系统、工程实施过程中的常见问题及处理进行了深入浅出的阐述，并对各类典型建筑选取相应工程实例进行案例分析，更具实际参考价值。在写作的过程中，编委们本着实事求是的态度剖析问题，并对解决工程实施过程中遇到的问题提供自己的思路和实践经验，以供相关专业从业人员在处理同类型问题时进行参考。虽编者的初衷是尽量做到分析问题的全面透彻，但受限于知识、经验、环境、时间等因素制约，难以做到面面俱到、包罗所有，敬请各位专家、同行谅解，并诚挚邀请大家对本书做出批评指正，以期共同为行业发展和提升做出微薄的贡献。

作为建筑给水排水专业的从业人员，我们当以满足人民群众对美好生活的需求、保障人们生命财产安全为己任，以做事业的情怀对待肩负的设计工作，不断学习新知识、新理念，并将其融入到工程设计中，尽全力将每栋建筑做成人们满意的精品工程。与君共勉！

参 考 文 献

[1] 赵峰, 王要武, 金玲, 等. 2022 年我国建筑业发展统计分析[J]. 建筑, 2023, 971(3): 98-106.

[2] 苏春艳. 我国建筑给排水的发展历程与现状[J]. 水电施工技术, 2016, 83(1): 87-90.

[3] 中华人民共和国住房和城乡建设部, 中华人民共和国国家质量监督检验检疫总局. 建筑设计防火规范(2018 年版): GB 50016—2014[S]. 北京: 中国计划出版社, 2018.

[4] 中国建筑设计研究院有限公司. 建筑给水排水设计手册[M]. 3 版. 北京: 中国建筑工业出版社, 2018.

[5] 刘春华, 刘文镔, 于丹丹. 天津港国际邮轮码头客运大厦给排水技术难点探讨[J]. 给水排水, 2013, 39(1): 73-75.

[6] 中华人民共和国住房和城乡建设部, 国家市场监督管理总局. 建筑给水排水设计标准: GB 50015—2019[S]. 北京: 中国计划出版社, 2019.

[7] 中华人民共和国住房和城乡建设部, 国家市场监督管理总局. 民用建筑设计统一标准: GB 50352—2019[S]. 北京: 中国建筑工业出版社, 2019.

[8] 尚朝对, 肖君, 郭建莉, 等. 浅谈我国建筑业的发展现状及趋势[J]. 中国设备工程, 2022, 495(7): 262-264.

[9] 李启明, 汤育春. 中国建筑业发展现状及高质量发展战略[J]. 江苏建筑, 2020, 209(6): 1-3.

[10] 胡秋越, 屈永平. 关于当代建筑业发展与改革的初探[J]. 内江科技, 2021, 319(6): 138-139.

[11] 中华人民共和国住房和城乡建设部, 中华人民共和国国家质量监督检验检疫总局. 消防给水及消火栓系统设计规范: GB 50974—2014[S]. 北京: 中国计划出版社, 2014.

[12] 中华人民共和国住房和城乡建设部, 中华人民共和国国家质量监督检验检疫总局. 自动喷水灭火系统设计规范: GB 50084—2017[S]. 北京: 中国计划出版社, 2017.

[13] 中华人民共和国建设部, 中华人民共和国国家质量监督检验检疫总局. 气体灭火系统设计规范: GB 50370—2005[S]. 北京: 中国计划出版社, 2006.

[14] 中华人民共和国建设部, 中华人民共和国国家质量监督检验检疫总局. 建筑灭火器配置设计规范: GB 50140—2005[S]. 北京: 中国计划出版社, 2005.

[15] 中华人民共和国住房和城乡建设部, 中华人民共和国国家质量监督检验检疫总局. 水喷雾灭火系统技术规范: GB 50219—2014[S]. 北京: 中国计划出版社, 2014.

[16] 中华人民共和国住房和城乡建设部, 中华人民共和国国家质量监督检验检疫总局. 细水雾灭火系统技术规范: GB 50898—2013[S]. 北京: 中国计划出版社, 2013.

[17] 住房和城乡建设部工程质量安全监管司, 中国建筑标准设计研究院. 全国民用建筑工程设计技术措施—给水排水[M]. 北京: 中国计划出版社, 2009.

[18] 中华人民共和国住房和城乡建设部, 国家市场监督管理总局. 自动跟踪定位射流灭火系统技术标准: GB 51427—2021[S]. 北京: 中国计划出版社, 2021.

[19] 中华人民共和国住房和城乡建设部, 国家市场监督管理总局. 泡沫灭火系统技术标准: GB 50151—2021[S]. 北京: 中国计划出版社, 2021.

[20] 中华人民共和国建设部, 中华人民共和国国家质量监督检验检疫总局. 住宅建筑规范: GB 50368—2005[S]. 北京: 中国建筑工业出版社, 2005.

[21] 中华人民共和国住房和城乡建设部, 中华人民共和国国家质量监督检验检疫总局. 住宅设计规范: GB 50096—2011[S]. 北京: 中国建筑工业出版社, 2011.

[22] 熊朝辉, 周兵, 何丛. 武汉光谷广场地下交通综合体设计创新与思考[J]. 隧道建设(中英文), 2019, 39(9): 1471-1479.

[23] 刘智忠. 健康建筑给排水设计中的减震降噪措施研究[J]. 绿色建筑, 2023, 15(4): 36-39.

[24] 中华人民共和国住房和城乡建设部. 商店建筑设计规范: JGJ 48—2014[S]. 北京: 中国建筑工业出版社, 2014.

[25] 国家市场监督管理总局, 国家标准化管理委员会. 生活饮用水卫生标准: GB 5749—2022[S]. 北京: 中国标准出版社, 2022.

[26] 王增长, 曾雪华, 孙慧修. 建筑给水排水工程[M]. 4版. 北京: 中国建筑工业出版社, 1998.

[27] 赵世明, 刘西宝, 姜文源, 吴克建, 等. 建筑排水新技术手册[M]. 北京: 中国建筑工业出版社, 2020.

[28] 赵锂, 刘永旺, 李星, 张磊, 等. 建筑水系统微循环重构技术研究与应用[M]. 北京: 中国建筑工业出版社, 2020.

[29] 中华人民共和国住房和城乡建设部. 旅馆建筑设计规范: JGJ 62—2014[S]. 北京: 中国建筑工业出版社, 2014.

[30] 中华人民共和国住房和城乡建设部, 中华人民共和国国家质量监督检验检疫总局. 综合医院建筑设计规范: GB 51039—2014[S]. 北京: 中国计划出版社, 2014.

[31] 中华人民共和国住房和城乡建设部, 中华人民共和国国家质量监督检验检疫总局. 中小学校设计规范: GB 50099—2011[S]. 北京: 中国建筑工业出版社, 2010.

[32] 薛震东, 朱星哲. 文旅项目建筑设计策略浅析[J]. 中国房地产, 2019, 645(16): 75-79.

[33] 蔡瑞环, 郭莉芳. 浅谈五星级酒店给排水设计及绿色建筑技术应用[J]. 建设科技, 2021, 444(24): 60-63.

[34] 庄贵, 车云兵. 五星级酒店给排水设计应注意的几个问题[J]. 给水排水, 2009, v.45; 329(S1): 340-341.

[35] 谢思桃, 王冠军, 余军. 现代医院给排水专业设计中的安全问题研究[J]. 给水排水, 2007, 290(2): 75-79.

[36] 叶锡恩. 大型、超大型医院给排水设计中出现的几个问题[J]. 科技与企业, 2016, 299(2): 154-156.

[37] 李鸿奎. 浅谈现代医院建筑设计中给排水专业的几个问题[J]. 给水排水, 2003, 290(3):

64-67.

[38] 苏鹏, 孙荣. 郑州某商业综合体给排水设计中若干问题探讨[J]. 给水排水, 2022, 501(S1): 959-963.

[39] 王秋月. 大型商业综合体给排水及消防设计问题研究[J]. 住宅与房地产, 2016, 443(30): 66.

[40] 郑航. 大型商业综合体消防及给排水设计问题探讨[J]. 低碳世界, 2017, 164(26): 183-184.

[41] 刘峥, 谢俊, 谢伦杰. 装配式建筑深化设计[M]. 北京: 中国建筑工业出版社, 2012: 120.

[42] 唐致文. 居住区地下车库消火栓布置方式探讨[J]. 给水排水, 2023, 59(1): 96-101.

[43] 中华人民共和国国家卫生和计划生育委员会. 病区医院感染管理规范: WS/T 510—2016[S]. 北京: 中国标准出版社, 2017.

[44] 国家环境保护总局, 国家质量监督检验检疫总局. 医疗机构水污染物排放标准: GB 18466—2005[S]. 北京: 中国环境科学出版社, 2005.

[45] 中国工程建设标准化协会. 医院污水处理设计规范: CECS 07:2004[S]. 北京: 中国计划出版社, 2004.

[46] 环境保护部. 医院污水处理工程技术规范: HJ 2029—2013[S]. 北京: 中国环境科学出版社, 2013.

[47] 国家市场监督管理总局, 国家标准化管理委员会. 氧舱: GB/T 12130-2020[S]. 北京: 中国标准出版社, 2021.

[48] 杨俊槐. 汽车库消火栓布置探讨[J]. 给水排水, 2020, 56(3): 117-120.

[49] 李杰华, 黄源. 超高层住宅建筑生活给水系统设计探讨[J]. 中国给水排水, 2017, 33(24): 52-55.

[50] 刘智忠, 王国明. 深圳某酒店空气源热泵热水系统探讨[J]. 低碳世界, 2022, 12(9): 106-108.

[51] 中华人民共和国住房和城乡建设部. 托儿所、幼儿园建筑设计规范(2019年版): JGJ 39—2016[S]. 北京: 中国建筑工业出版社, 2019.

[52] 常金秋. Ⅲ类学生宿舍用水特征分析[J]. 上海应用技术学院学报(自然科学版), 2013, 13(3): 245-248.

[53] 朱明聪. 高校宿舍楼给排水设计要点探索[J]. 江西建材, 2013(3): 49-50.

[54] 黄裕. 佛山市某综合性寄宿制学校给排水设计[J]. 住宅与房地产, 2019(18): 96-97.

[55] 韩高峰. 某高校学生宿舍给排水设计体会[J]. 河南建材, 2012(4): 137-138.

[56] 王靖华, 屈丽娟, 王小红, 等. 浙江大学学生村热水系统的管网散热量监测与分析[J]. 中国给水排水, 2012(9): 93-95.

[57] 王念恩. 寄宿制学校生活热水节能设计的思考[J]. 建筑节能, 2014, 42(12): 46-48.

[58] 张晋童, 车爱晶, 张笑菡. 临时高压制室内外消火栓合用系统设计探讨[J]. 给水排水, 2022, 48(3): 103-107.

[59] 黄玲利, 赵立军. 南海俊慧中学足球场给排水设计[J]. 给水排水, 2001, 27(5): 66-67.

[60] 罗志华, 崔文静. 幼儿园开式太阳能热水系统设计探讨[J]. 山西建筑, 2022, 48(16): 120-123.

[61] 许少良, 张浩, 凌亮, 等. 深圳国际会展中心水消防设计难点分析[J]. 给水排水, 2020, 46(10): 93-97.

[62] 张容宁. 中小学给排水设计要点分析[C]//中国建筑学会建筑给水排水研究分会第三届第二次全体会员大会暨学术交流会论文集. 北京: 2018, 1156-1161.

[63] 刘智忠, 王国明, 刘明祥. 300m 以上超高层建筑雨水消能水箱的研究与应用[J]. 给水排水, 2022, 48(S1): 917-920.

[64] 毕莹, 刘芳. 天津某飞机制造厂物流中心消防设计[J]. 给水排水, 2014, 40(9): 58-63.

[65] 中国建筑设计研究院有限公司, 建筑给水排水设计统一技术措施 2021[M]. 北京: 中国建筑工业出版社, 2021.